司乔瑞 [法]杰·博华 江启峰 等主编
（Gérard Bois）

英语－汉语－法语

泵技术词汇大全

江苏大学出版社
JIANGSU UNIVERSITY PRESS

镇 江

内容提要

泵是一种广泛应用于国民经济各部门的通用机械。本书选编了包括泵的理论、设计、计算、生产、工艺、试验、检验等方面的相关常用单词和词组,可供大专院校师生、泵行业相关科研人员和工程技术人员及从事外贸活动的业务人员等使用,为其掌握英法外文科技资料、撰写学术论文、开展科技合作与交流、进行对外贸易等提供帮助。

图书在版编目(CIP)数据

英语-汉语-法语泵技术词汇大全 / 司乔瑞,(法)杰·博华,江启峰主编. — 镇江:江苏大学出版社,2018.9
ISBN 978-7-5684-0851-6

Ⅰ. ①英… Ⅱ. ①司… ②杰… ③江… Ⅲ. ①泵—名词术语—英、汉、法 Ⅳ. ①TH3-61

中国版本图书馆 CIP 数据核字(2018)第 206260 号

英语-汉语-法语泵技术词汇大全

Yingyu - Hanyu - Fayu Beng Jishu Cihui Daquan

主　　编/司乔瑞　[法]杰·博华　江启峰　等
责任编辑/孙文婷
出版发行/江苏大学出版社
地　　址/江苏省镇江市梦溪园巷 30 号(邮编:212003)
电　　话/0511-84446464(传真)
网　　址/http://press.ujs.edu.cn
排　　版/镇江市江东印刷有限责任公司
印　　刷/南京艺中印务有限公司
开　　本/787 mm×1 092 mm　1/16
印　　张/18
字　　数/322 千字
版　　次/2018 年 9 月第 1 版　2018 年 9 月第 1 次印刷
书　　号/ISBN 978-7-5684-0851-6
定　　价/80.00 元

如有印装质量问题请与本社营销部联系(电话:0511-84440882)

编者的话

为促进国内外泵行业的技术交流,原沈阳水泵研究所根据水泵行业的需要组织编写了《中日英德俄泵词典》,并于 1988 年出版发行,但作为联合国 6 种工作语言之一的法语并未包含其中。法语被广泛地应用在国际性社交和外交活动中,因其用法的严谨,联合国将其定为第一书写语言,作用仅次于被定为第一发言语言的英语。近年来,随着我国国际化水平的提高,泵作为一种广泛应用于国民经济各部门的通用机械在国际学术交流和经济贸易中被经常涉及。因此,撰写一本英-汉-法泵技术词汇大全对促进我国泵行业发展很有必要。

2013 年我受国家留学基金委资助赴法留学,进入巴黎高科-法国国立高等工程技术大学校(Arts et Métiers Paris Tech)系统学习泵的相关知识,师从法兰西科学院骑士勋章获得者、欧洲透平机械会议主席 Gérard Bois 教授。Bois 教授是欧洲透平机械协会(European Turbomachinery Society)的创始人之一,其领衔的实验室是法国国家科学研究院下属研究机构(现编号 2107)。在留学期间,我逐步了解到法国泵相关技术研究领域的发展历史,萌生了撰写英-汉-法泵技术词汇书籍的想法。2015 年,Bois 教授受聘江苏大学兼职教授,在中国国家外专局资助下来华授课、科研并被授予“高端外国专家”称号,本书的编撰工作便被提上议程。

本书是一本专业性书籍,参考了大量的英文和法文文献,以及中国泵技术网和泵阀技术论坛等的网络资料,选编了泵的理论、设计、计算、生产、工艺、试验、检验等方面的相关常用单词和词组,可供大专院校师生、相关科研和工程技术人员、泵产品外贸业务人员和用户及翻译人员使用。全书共分 3 个部分。第 1 部分主要参考《中日英德俄泵词典》中的 4300 余条词汇进行法文翻译。第 2 部分按国内泵行业常用的词汇进行对应翻译。第 3 部分介绍了常用泵实验台和多种泵结构形式图示的英-汉-法三语对照。附录介绍了国内外泵常用材料牌号对照和常用标准对照。读者使用时可根据英文习惯从第 1 部分按单词的字母顺序查找,也可根据中文习惯从第 2 部分按泵设计到使用的大类顺序查找。对泵具体结构零件感兴趣的读者,可在第 3 部分找到参考。

非常感谢江苏大学党委书记、国家水泵及系统工程技术研究中心主任袁寿其研究员和西华大学副校长、流体及动力机械教育部重点实验室副主任刘小兵教授在本书编写过程中给予的大力支持。法国南部国际经济发展局上海代表处潘丽莎女士在编撰初期对本书法文部分进行了辛勤的劳作。江苏大学流体机械工程技术研究中心老师袁建平、刘建瑞、裴吉、曹璞钰、李亚林和邱宁为本书的出版提供了大量的帮助，研究生曹睿、盛国臣、何文婷、叶韬等在本书的编写过程中进行了部分校译工作，在此一并表示衷心的感谢。

由于作者业务水平和外文水平所限，可能选词不全或定名欠妥，甚至有错误和不当之处，敬请读者批评指正。

司乔瑞

2018 年 2 月

目　录

附 录

第 1 部分

英语-汉语-法语泵技术词汇

A **ability**	能力	**capacité**
abrasion	磨损;腐蚀	**abrasion**
abruption	中断;断路	**rupture**
abscissa	横坐标	**abscisse**
absorbability	吸收能力	**capacité d'absorption**
absorbent	吸收剂;吸附剂	**absorbeur**
absorber	吸收剂;吸收器;阻尼器;减震器	**amortisseur**
vibration ~	减震器;吸震器;阻尼器	amortisseur de vibrations
absorption	吸收	**absorption**
energy ~	能量吸收	absorption d'énergie
sound ~	吸音	absorption du bruit
acceleration	加速度	**accélération**
~ due to gravity	重力加速度	accélération de la pesanteur
absolute ~	绝对加速度	accélération absolue
angular ~	角加速度	accélération angulaire
axial ~	轴向加速度	accélération axiale
brief ~	短暂加速度	accélération brève
centrifugal ~	离心加速度	accélération centrifuge
centripetal ~	向心加速度	accélération centripète
circular ~	圆周加速度	accélération circulaire
Coriolis ~	哥氏加速度	accélération de Coriolis
fluctuating ~	变动加速度;脉动加速度	accélération fluctuante
free fall ~	自由落体加速度	accélération en chute libre
gravity ~	重力加速度	accélération de la pesanteur
initial ~	初始加速度	accélération initiale
linear ~	线(性)加速度	accélération linéaire
negative ~	负加速度	contre accélération
normal ~	法向加速度	accélération normale

radial ~	径向加速度	accélération radiale
relative ~	相对加速度	accélération relative
resultant ~	合加速度	accélération résultante
uniform ~	匀加速度;等加速度	accélération uniforme
accelerometer	加速度计;过荷传感器	**accéléromètre**
acceptance	验收	**acceptation/approbation**
accessories	附件	**accessoires**
accident	事故	**accident**
accumulation	积累;存储	**accumulation**
boundary layer ~	边界层增厚;边界层积聚	accumulation de la couche limite
liquid ~	液体积存	accumulation de liquide
accumulator	蓄能器;蓄电池;累加器	**accumulateur**
accuracy	准确性;精度	**exactitude**
~ in calibration	标定精度;校正精度	exactitude de l'étalonnage
~ of instrument	仪表精(确)度	exactitude d'un instrument de mesure
~ of manufacture	制造精度	exactitude de fabrication
~ of measurement	测量精度;测量准确度	exactitude de mesure
~ of reading	读数精度	exactitude de lecture
calibration ~	校准精度;标定精度	exactitude d'étalonnage
geometrical ~	几何精度	exactitude géométrique
overall ~	总精度	exactitude globale
relative ~	相对精度	exactitude relative
acetaldehyde	乙醛;醋醛	**acétaldéhyde**
acetate	乙酸盐;醋酸盐	**acétate**
cellulose ~	醋酸纤维素	acétate de cellulose
acetone	丙酮	**acétone**
acid	酸	**acide**
acetic ~	乙酸;醋酸	acide acétique

benzoic ~	安息香酸;苯(甲)酸	acide de benjoin
bor(ac)ic ~	硼酸	acide borique
carbolic ~	石炭酸;苯酚	phénol
carbonic ~	碳酸	acide carbonique
fatty ~	脂肪酸;油酸	acide oléique
formic ~	甲酸;蚁酸	acide formique
hydrochloric ~	盐酸	acide hydrochlorique
hydrocyanic ~	氰化氢;氢氰酸	acide hydrocyanique
mixed ~	混合酸	acide mixte
naphthenic ~	环烷酸	acide naphtéique
nitric ~	硝酸	acide nitrique
oleic ~	脂肪酸;油酸	acide oléique
oleinic ~	脂肪酸	acide oléique
ortho-phosphoric ~	正磷酸	acide orthophosphorique
oxalic ~	草酸;乙二酸	acide oxalique
palmitic ~	棕榈酸	acide palmitique
phenic ~	石炭酸;苯酚	acide phénolique
picr(anis)ic ~	苦味酸;黄色炸药	acide picrique
picronitric ~	苦味酸;黄色炸药;苦硝酸	acide picronitrique
stear(ol)ic ~	硬脂酸	acide stéarique
sulfuric ~	硫酸	acide sulfurique
sulphuric ~	硫酸	acide vitriolique
tartaric ~	酒石酸	acide tartrique
acidity	酸度;酸性	**acidité**
acme	顶点	**point culminant**
action	作用;动作;运转	**effet**
boundary layer ~	边界层效应	effet de la couche limite
delayed ~	延缓作用;迟滞作用;滞后作用	effet à retardement

lifting ~ of vane	叶片的升力作用	effet de portance
throttling ~	节流作用	effet d'étranglement
wall ~	边壁作用	effet de paroi
actuator	促动器;执行元件;传动装置	**actionneur**
diaphragm ~	隔膜传动装置;隔膜驱动杆	actionneur du diaphragme
adapter	接头;承接管;连接件;接合器	**adaptateur**
adaptor	连接件;接头;承接管;接合器	**adaptateur(-trice)**
pipe ~	管接头;管连接套	adaptateur du tuyau
addition	增加;加法;加;附加物	**addition**
additive	添加剂;附加的	**additif**
adhesion	粘着;附着	**adhérence**
adjustment	调整;调节;调准机构	**ajustement**
zero ~	调零	mise à zéro
admission	进气;供给	**admission**
~ of air	补气;吸气	admission d'air
adsorption	吸附(作用)	**adsorption**
advance	超前;阿范斯电阻合金(铜 56% , 锰 1.5% , 其余为镍)	**avance**
aeration	通气	**aération**
aerodynamics	(空)气动力学	**aérodynamique**
aerofoil	翼型;翼剖面	**surface portante**
aeromechanics	空气动力学;航空力学	**aéromécanique**
aerostatics	空气静力学	**aérostatique**
afflux	流入	**afflux/flux**
afterbay	下游;后架间	**aval**
ageing	老化;时效	**vieillissement**
artificial ~	人工老化	vieillissement artificiel

agent	介质;剂	**agent**
addition ~	添加剂	agent addifif
additive ~	添加剂	additif
air	空气	**air**
compressed ~	压缩空气	air comprimé
airbrake	空气制动器	**aérofrein**
air-cooling	空气冷却	**refroidissement par air**
aircurrent	气流	**courant d'air**
airflow	气流	**flux d'air**
airfoil	翼型;翼剖面	**surface portante**
air-friction	空气摩擦	**frottement de l'air**
airing	通风;通气	**aération**
air-spring	气垫	**coussin d'air**
airstream	气流	**courant d'air**
air-tightness	气密性;密封性	**étanchéité hermétique**
albronze	铝青铜	**bronze d'aluminium**
alcohol	酒精;乙醇	**alcool**
algebra	代数	**algèbre**
alignment	定心;(直线)校准;校直	**alignement**
alkalescence	碱度;碱性	**alcalescence**
alkali	碱;强碱	**alcaline**
caustic ~	强碱	alcaline caustique
alkalinity	碱度;碱性	**alcalinité**
allowance	公差;余量	**tolérance**
fitting ~	装配公差	tolérance du montage
alloy	合金	**alliage**
acid resisting ~	耐酸合金	alliage résistant à l'acide
aluminium ~	铝合金	alliage d'aluminium
anticorrosion ~	抗蚀合金	alliage anticorrosion

antifriction ~	抗磨合金	alliage antifriction
bearing ~	轴承合金	alliage du roulement
corrosion-resisting ~	耐蚀合金	alliage résistant à corrosion
Corson ~	铜镍硅合金;科森合金	alliage Corson
heat resisting aluminium ~	耐热铝合金	alliage d'aluminium résistant à la chaleur
Heuslar's ~	惠斯勒磁性合金	alliage Heuslar
high tensile aluminium ~	高强度铝合金	alliage d'aluminium à haute résistance
lead base ~	铅基合金	alliage à la base de plomb
light ~	轻合金	alliage léger
magnetic ~	磁性合金	alliage magnétique
natural ~	天然合金	alliage naturel
non-ferrous ~	有色金属合金	alliage non ferreux
alpaca	镍黄铜	**laiton au nickel**
alpax	阿派铝合金;铝硅合金(87%铝,13%硅)	**alpax**
altitude	高度	**altitude**
critical ~	临界高度	altitude critique
geometric ~	几何高度	altitude géométrique
aluminium	铝	**aluminium**
amendment	改善;修正	**correction**
ammeter	安培计	**ampèremètre**
ammonia	氨	**ammoniac**
aqua ~	氨水	ammoniaque
aqueous ~	氨水	ammoniac acqueux
ampere	安(培)	**ampère**
amplifier	放大器	**amplificateur**
amplitude	振幅;范围	**amplitude**
analogy	相似;模拟	**analogie**
hydraulic ~	水力相似	analogie hydraulique

Reynolds ~	雷诺相似	analogie de Reynolds
analyser	分析器	**analyseur**
analysis	分析	**analyse**
approximate ~	近似分析	analyse approximative
dimensional ~	因次分析;量纲分析	analyse dimensionnelle
dynamic ~	动力分析;动态分析	analyse dynamique
error ~	误差分析	analyse d'erreurs
harmonic ~	调和分析;谐波分析	analyse harmonique
stress ~	应力分析	analyse de stress
vector ~	向量分析	analyse de vecteur
analyzer	分析器	**analyseur**
angle	角	**angle**
~ of attack	攻角;迎角;冲角	angle d'attaque
~ of contact	接触角	angle de contact
~ of delay	滞后角	angle de retard
~ of incidence	入射角	angle d'incidence
~ of lag	滞后角	angle de décalage
~ of rotation	旋转角	angle de giration
~ of shift	位移角	angle de décalage
~ of stall	失速攻角	angle de décrochage
~ of sweepback	后掠角	angle de flèche
actual ~ of attack	实际攻角	angle d'attaque réel
acute ~	锐角	angle aigu <90°
blade ~	叶片安放角	angle de profil
blade inlet ~	叶片进口角	angle d'entrée du profil
blade outlet ~	叶片出口角	angle de sortie du profil
chord ~	翼弦安放角	angle de corde
contact ~	接触角	angle de contact
critical ~ of attack	临界攻角;临界迎角	angle critique d'attaque

discharge ~	出流角	angle de décharge
entrance ~	入口角	angle d'entrée
Euler ~	欧拉角	angle d'Euler
exit ~	出口角	angle de sortie
gliding ~	下滑角	angle de glissement
incidence ~	攻角;迎角;冲角	angle d'incidence
inflow ~	流入角	angle à l'aspiration
inlet ~	入口角	angle d'entrée
inlet blade ~	叶片入口角	angle d'attaque
outlet ~	出口角	angle de sortie
pressure ~	压力角	angle de pression
profile ~	翼型角	angle de profils
sliding ~	滑移角;滑动角	angle coulissant
stalling ~ of attack	失速攻角	angle de décrochage
subtended ~ of blade	叶片包角	angle sous-tendu du profil
vane ~	叶片安放角	angle d'aube
vane entrance ~	叶片入口角	angle d'entrée d'aube
vane setting ~	叶片安放角	angle de calage de l'aube
wrapping ~ of blade	叶片包角	angle de déformation
anhydride	酐	**anhydride**
acetic ~	醋酸酐;无水醋酸	anhydride acétique
anisotropy	异向性	**anisotropie**
annealing	退火	**recuit**
anticorrosion	耐蚀	**anticorrosion**
aperture	孔径;开度;孔隙;孔光圈	**ouverture**
apex	顶点	**apex**
apparatus	装置;仪器	**appareil**
calibrating ~	校准装置	appareil d'étalonnage
guide ~	导向装置	appareil de guidage

appliance	装置	**appareil**
approximation	近似法;近真法;近似值;逼近法	**approximation**
successive ~	逐次逼近法	approximation successive
aqua	水	**liquide**
~ regia	王水	aqua-regia
Araldite	环氧(类)树脂;合成树脂黏结剂	**polyépoxyde**
area	面积;区域;范围	**aire**
cross section ~	横截面积	aire de section transversale
effective ~	有效面积	aire effective
effective sectional ~	有效截面积	aire effective de la section
exit ~	出口面积	aire de sortie
impeller inlet ~	叶轮进口面积	aire d'entrée de la roue
passage ~	流道(横截)面积	aire du passage
specific surface ~	比表面积;单位表面积	aire specifique
throat ~	喉部面积	aire du col
areometer	液体比重计;浮秤	**aréomètre**
areopycnometer	液体比重计;浮秤;稠液比重计	**aréomètre**
argument	辐角;自变数;论证	**argument**
arm	臂;支管;指针	**levier**
adjusting ~	调节杆	levier de réglage
regulating ~	调节杆	levier régulateur
rocking ~	摇臂	levier oscillant
valve ~	气阀摇臂	levier de vanne
valve driving ~	阀驱动臂	levier de conduite de vanne
valve motion ~	阀驱动臂	levier de régulation de vanne
armature	电枢;铠装;加强料;衔铁	**armature**
armour	铠装	**armature**

arrangement	配置;装置	**montage/arrangement**
diagrammatic ~	简化布置图;示意布置图	bloc-diagramme simplifié
pipe ~	管系布置	montage de conduite
tube ~	管布置	tube de montage
arrow	箭头;指针	**flèche**
asbestos	石棉	**amiante**
phenolic-bonded ~	酚醛胶合石棉	amiante phénolique-collé
resin-bonded ~	树脂胶合石棉	amiante de résine collé
resin-impregnated ~	树脂浸渍石棉	amiante imprégné de résine
asphalt	沥青	**asphalte**
assay	试样;试验;分析	**essai de conception**
assembling	装配;收集;装置	**assemblage**
assembly	部件;机组;汇编	**assemblage**
asymmetry	非对称性	**asymétrie**
atmosphere	大气;大气压	**atmosphère**
standard ~	标准大气(压)	atmosphère standard
technical ~	工程大气压	atmosphère technique
atomizer	喷雾器;喷嘴	**atomiseur**
oil ~	油喷嘴	atomiseur d'huile
pray ~	喷雾器	injectour
atomizer-pump	喷雾器-泵组	**atomiseur-pompe**
attachment	附件	**attachement**
austenite	奥氏体	**austénite**
auto-alarm	自动报警器	**auto-alarme**
automation	自动化	**automatisation**
autostabilizer	自动稳定器	**auto-stabilisateur**
auxiliaries	辅助设备;辅机	**auxiliaires**
axes	轴	**axe**
solid ~	空间坐标轴	axe solide

space ~	空间坐标轴	axe spatial
space coordinate ~	空间坐标轴	axe de coordonnée spatiale
axis	轴	**axe**
~ of abscissa	横坐标轴	axe d'abscisse
~ of coordinates	坐标轴	axe de coordonnées
coordinate ~	坐标轴	axe de coordonnées
eddy ~	旋涡轴线	axe de tourbillon
horizontal ~	水平轴线	axe horizontal
vortex ~	旋涡轴线	axe de tourbillon
axle	轴	**essieu**
idler ~	中间心轴	axe médian
intermediate ~	中间心轴	axe intermédiaire
stub ~	短心轴	fusée d'essieu

B

babbit	巴氏合金	**babbit/alliage blanc**
back	背;背面;底座;基座	**arrière/dos**
~ of vane	叶片背面	arrière du profil
blade ~	叶片背面	arrière de l'aube
back-flow	回流	**courant de retour**
back-river	上游	**amont**
backwater	壅水;回水;死水	**remous d'exhaussement**
baffle	障板;挡板;导流片	**baffle**
guide ~	导向叶片;导向筋	baffle de guide
bakelite	电木;酚醛塑料	**bakélite**
balance	平衡;天平;秤	**balance**
aerodynamic ~	气动力天平	balance aérodynamique
dynamic ~	动态平衡	équilibre dynamique
energy ~	能量平衡	équilibre de l'énergie
force ~	测力天平;力平衡	équilibre de force

heat ~	热平衡;热量平衡表	équilibre de chaleur
moment ~	力矩天平;力矩平衡	moment d'équilibrage
static ~	静态平衡	équilibre statique
three-component ~	三分力天平	balance à trois composantes
balancer	平衡器;配重	**équilibreur**
moment ~	力矩天平	moment d'équilibrage
balancing	平衡(法);配平	**équilibrage**
dynamic ~	动态平衡	équilibre dynamique
ball	球	**bille/boisseau**
valve ~	阀球	vanne à boisseau
band	带;条;波带;频带;波段;范围	**bande/série/groupe**
dead ~	死区;盲带	bande aveugle
vortex ~	涡层;涡流带	alignement de tourbillons
bar	杆;杆件;巴(压强单位);阻止	**barre**
balance ~	平衡杆	balancier
channel ~	槽钢;槽铁	rainure
I- ~	工字钢	poutre
barometer	气压计	**baromètre**
barrel	桶;筒状物	**réservoir/chambre**
pump ~	泵缸	réservoir de pompe
stuffing box ~	可拆式填料函体	réservoir de presse-étoupe
barrier	势垒;障碍物;挡板	**barrière**
heat ~	热障	barrière de la chaleur
sound ~	音障	barrière sonique
thermal ~	热障;绝热层	barrière thermique
base	基;底座;支座	**base**
raised ~	加高底座	base levée
baseline	基准线	**ligne de référence**

basin	盆;承盘;水槽;船坞	**bassin**
filter ~	过滤池	bassin de filtration
model ~	模型池	modèle de bassin
regulating ~	调节池	bassin régulateur
sedimentation ~	沉淀池	bassin de sédimentation
settling ~	沉淀池	bassin de sédiment
water ~	水池	bassin hydrique
water distribution ~	配水池	bassin de distribution d'eau
batch	批	**lot**
bay	间;场;台;隔间;舱;架间	**baie**
erection ~	装配间	baie d'érection
beam	横杆;梁;束	**bielle**
walking ~	摇臂	bielle pendante
bearing	轴承	**palier**
annular ball ~	径向球轴承	roulement radial à billes
anti-friction ~	减摩轴承	palier anti-friction
ball/rolling ~	滚动轴承	roulement à rouleaux
ball thrust ~	推力球轴承	roulement de poussée à billes
forced oil lubricated ~	强制润滑轴承;压力润滑轴承	palier auto-lubrifié
grease lubricated ~	油脂润滑轴承	palier lubrifié à graisse
hydrodynamic ~	液体动力轴承	palier hydrodynamique
Michell type thrust ~	米切尔型推力轴承	palier de poussée de type Michell
needle ~	滚针轴承	palier à aiguille
plain friction ~	滑动轴承	palier lisse
radial ball ~	径向球轴承	roulement radial à billes
radial roller ~	径向滚柱轴承	roulement raidal à rouleaux
ring lubricating ~	油环轴承	palier de roulement lubrifié
ring oiling ~	油环轴承	palier de roulement hilée

rolling contact ~	滚动轴承	roulement à contact
rubber ~	橡胶轴承	palier en caoutchouc
sleeve ~	滑动轴承	manchon de palier
sliding ~	滑动轴承	palier coulissant/palier glissant
spherically mounted thrust ~	球面推力轴承	palier de poussée sphérique
thrust ~	推力轴承	palier de poussée
thrust roller ~	推力滚柱轴承	palier de butée à roulement
tilting pad axial thurst ~	斜垫轴向推力轴承	palier axial de poussée à patins oscillants
water lubricating ~	水润滑轴承	palier lubrifié à eau
beat	脉动;偏摆;敲击;跳动	**battre**
bed	床;台;垫;机座;地基	**banc**
test ~	试验台	banc d'essais
testing ~	试验台	banc d'expérimentation
bedplate	底座;台板	**plaque de base/embase**
cast ~	铸造式底座	embase en fonte
fabricated ~	结构式底座;焊接式底座	embase forgé
behaviour	性状;特性;性能;行为	**comportement**
~ of boundary layer	边界层性能	comportement de couche limite
transient ~	瞬态特性	comportement instationnaire
bell	钟;圆锥状物;锥形口;喇叭管;罩	**entonnement/tube/virole**
suction ~	吸入锥管;喇叭管	virole d'aspiration
bell-mouth	喇叭管	**virole évasé**
bellows	膜盒;波纹管	**tuyau flexible**
protecting ~	皱褶式保护盒	tuyau flexible de protection
bench	工作台;架	**banc**
bend	弯头;弯曲	**coude**
delivery ~	吐出弯管	coude d'évacuation

discharge ~	吐出弯管	coude de sortie
normal ~	直角弯管	coude normal
pipe ~	弯管	tube coudé
return ~	U 形管	tube en U
bender	弯曲机	**cintreuse**
pipe ~	弯管机	cintreuse de tuyau
tube ~	弯管机	cintreuse de tube
bending	弯曲	**pliant/penché**
benzene	苯	**benzène**
benzine	汽油;石脑油;挥发油	**benzine**
BFW(**boiler feed water**)	锅炉给水	**BFW**
bicarbonate	碳酸氢盐;重碳酸盐	**bicarbonate**
ammonium ~	碳酸氢铵;重碳酸铵	bicarbonate d'ammonium
sodium ~	碳酸氢钠;重碳酸钠;小苏打	bicarbonate de sodium
bichromate	重铬酸盐	**bichromate**
potassium ~	重铬酸钾	bichromate de potassium
bimetal	双金属	**bimétal**
binder	黏结剂;结合件;夹子	**agglomérant**
bisulfide	二硫化物	**bisulfure**
carbon ~	二硫化碳	bisulfure de carbone
blade	片;叶片	**aube**
adjustable ~	可调叶片	aube réglable
back ~	背叶片	aube arrière
cambered ~	弯曲叶片	aube cambrée
detachable ~	可拆式叶片	aube amovible
fixed ~	固定式叶片	aube fixe
guide ~	导叶	aube de guidage
impulse ~	冲击式叶片	aube à action

infinitely thin ~	无限薄叶片	aube infiniment mince
S-shaped ~	S 形叶片	aube en forme de S
stationary ~	固定式叶片	aube stationnaire
three dimensional ~	空间叶片;三维叶片	aube tridimensionnelle
twisted ~	扭曲叶片	aube vrillée
bleeding	排水	**purge**
bland	混合物	**composite**
blistering	起泡	**cloques**
block	块;部件;闭锁;滑车;号码;闭塞	**bloc**
pulley ~	滑车组	bloc de poulie
pump cylinder ~	泵缸体	cylindre de pompe
star-shaped cylinder ~	星形缸体	cylindre en étoile
board	板;台	**bord/pupitre**
bench ~	操纵盘(台)	pupitre de commande
control ~	操纵盘(台)	pupitre de contrôle
body	物体;壳体	**corps**
piston ~	活塞体	corps de piston
pump ~	泵体	corps de pompe
valve ~	阀体	corps de soupape/corps de vanne
boiling	沸腾	**bouillant**
bolt	螺栓;杆柱	**boulon**
anchor ~	地脚螺栓	boulon d'ancrage
eye ~	吊环螺钉	boulon à oeuillet
foundation ~	地脚螺栓	boulon de fondation
jack ~	起重螺栓	boulon de cric
lifting ~	起重螺钉	boulon de levage
ring ~	吊环螺钉	boulon à anneau
spacer ~	支撑螺栓	boulon d'espaceur

stud ~	双头螺栓	boulon de goujon
through ~	贯穿螺栓	boulon d'enfilade
tie ~	拉紧螺栓	serrer un boulon
bolt-hole	螺栓孔	**trou de boulon**
book	书	**livre**
hand ~	手册	livret
boom	构架;桁;超重吊杆;超重臂	**carcasse/caisse/caisson**
booster	助力器;升压器;助推器	**accélérateur**
axial flow ~	轴流增压器	accélérateur d'écoulement axial
suction ~	吸入增压器	accélérateur d'aspiration
boss	轮毂;凸起部	**bossage**
boundary	边界	**limite**
fluid ~	流体边界	conditions aux limites
bowl	碗;杯;筒;壳体;滚球	**réservoir/cuvette**
discharge ~	导流壳	réservoir de sortie
propeller ~	轴流泵叶轮室	réservoir d'hélice
pump ~	导流壳	réservoir de pompe
stator ~	定子壳	réservoir de stator
box	箱;盒;外壳;方块(表示一个逻辑单元)	**tableau/boîte/bassin**
bearing ~	轴承体;轴承箱	boîte de roulement
distributing ~	配电柜	tableau-classeur
distribution ~	配电柜	boîte de distribution
gear ~	齿轮箱;变速箱	boîte de vitesses
packing ~	填料函体	boîte fermée
separate stuffing ~	可拆式填料函体	boîte à garniture séparée
speed ~	变速箱	boîte de vitesses
speed change ~	变速箱	boîte de changement de vitesses
still ~	静水室	bassin de tranquilisation

stilling ~	静水室	bassin d'amortissement
stuffing ~	填料函体	presse-étoupe
valve ~	阀箱	boîtier de vannes
brace	加强筋;手摇曲柄钻;大括弧	**vilebrequin**
bracing	支撑;拉条	**renforcement**
bracket	托架;支架;括弧	**support**
bearing ~	轴承架	support de roulement
pump ~	泵托架	support de pompe
pump bearing ~	泵轴承支架	support de pompe
brake	制动器;刹车;制动;闸	**frein**
hydraulic ~	水力制动器;液压制动器	frein hydraulique
braking	制动;刹车	**freinage**
brand	标记;商标;牌号	**marque**
brass	黄铜	**cuivre jaune**
nickel ~	镍黄铜	cuivre jaune au nickel
breaker	断路器;破碎机	**interrupteur**
air circuit ~	空气开关;空气自动断路器	interrupteur à circuit d'air
siphon ~	虹吸破坏装置	interrupteur à siphon
vacuum ~	真空破坏装置	interrupteur de mise au vide
breaking	中断;破裂	**rupture**
breather	通气阀;呼吸器	**reniflard**
brine	盐水	**saumure**
bronze	青铜	**bronze**
aluminium ~	铝青铜	bronze aluminium
arsenic ~	砷青铜	bronze arsenical
lead ~	铅青铜	bronze au plomb
leaded ~	铅青铜	bronze de plomb
manganese ~	锰青铜	bronze au manganèse

nickel ~	镍青铜	bronze au nickel
phosphor ~	磷青铜	bronze au phosphore
silicon ~	硅青铜	bronze au silicium
Silzin ~	西尔津合金	Silzin bronze
bubble	气泡;磁泡	**bulle**
air ~	空气泡	bulle d'air
gas ~	气泡	bulle de gaz
vapour ~	蒸汽泡	bulle de vapeur
bubbling	起泡	**création de bulles**
bucket	吊桶;勺斗	**godet/clapet**
valve type ~	阀式活塞	soupape à clapet
buoy	浮标	**bouée**
conical ~	锥形浮标	bouée conique
buoyance	浮力	**flottabilité**
burr	毛刺;飞边;垫圈	**bavure**
bush	衬套	**manchon/séparateur**
bearing ~	轴承衬(套)	manchon de roulement à billes
diaphragm ~	卸压套	manchon de diaphragme
guide ~	导向衬套	manchon de guidage
interstage ~	级间衬套	manchon interétage
labyrinth ~	迷宫衬套	manchon de labyrinthe
locating ~	定位套	manchon de localisation
neck ~	轴颈套;填料衬套	manchon de régulation
screwed connector ~	螺纹连接套	manchon de connecteur vissé
stuffing box neck ~	填料箱衬套;填料垫	manchon de régulation de presse-étoupe
throttling ~	节流衬套;卸压衬套	manchon d'étranglement
bushing	衬套;轴套	**manchon**
bearing ~	[美]轴承衬套	manchon de palier

pressure reducing ~	[美]卸压套	manchon de diminution de pression
stuffing box ~	[美]填料衬套	manchon de presse-étoupe
butane	丁烷	**butane**
button	钮;按钮;旋钮	**bouton**
by-pass	旁通管	**tuyau de dérivation**

C **cable** 电缆;钢索 **câble**

armoured ~	铠装电缆	câble blindé
shielded(-conductor) ~	屏蔽电缆	câble de conducteur blindé
underground ~	地下电缆	câble souterrain
cage	笼;盒;罩	**cage**
seal ~	水封环;灯笼环	joint d'étanchéité
valve ~	阀箱	boîte de valve
water seal ~	水封环	joint d'étanchéité par l'eau
calculation	计算	**calcul**
performance ~	性能计算	calcul de performance
calculator	计算机;计算图表	**calculatrice**
calculus	演算;微积分	**calcul**
~ of variations	变分法	calcul de variations
callipers	卡钳;测径器	**compas**
calorimeter	量热计	**calorimètre**
cam	凸轮	**came**
camber	弯度;曲度;曲面;弧	**cambrure**
vane ~	叶片弯度	cambrure d'aube
camera	摄影机;照相机	**caméra**
high-speed ~	高速摄影机	caméra à haute vitesse
moving picture ~	电影摄影机	caméra filmant des images animées
can	屏蔽套;罐;壳	**réservoir**

screening ~	屏蔽套	réservoir de contrôle
shielding ~	屏蔽套	réservoir de protection
canal	流道	**canal**
cant	斜面	**pente**
cantilever	悬臂梁;悬臂	**rayonnage**
cap	盖;帽;罩	**couverture**
hub ~	轮毂罩;导水锥	cache-moyeu
safety ~	安全罩	couverture de sécurité
sand ~	防砂盖	couverture contre la sable
threaded ~	螺纹盖	couverture filetée
tightening ~	压紧盖	couverture de resserrement
capacity	容量;流量;功率	**capacité/volume**
absorption ~	吸收能力	capacité d'absorption
discharge ~	吐出流量	capacité de décharge
design ~	设计流量	capacité nominale
flow ~	吐出流量;过流能力	débit de fluide
large ~	大流量	grande capacité
little ~	小流量	petite capacité
plant ~	设备容量	capacité des équipements
rated ~	额定容量	capacité nominale
reservoir ~	贮水池容量	capacité de réservoir
specific ~	比容量	capacité spécifique
specified ~	名义流量	capacité définie
unit ~	单位流量	capacité unitaire
capillarity	毛细管现象	**capillarité**
carbide	碳化物	**carbure**
carbonate	碳酸盐	**carbonate**
sodium ~	碳酸钠	carbonate de sodium
carrier	托架;支撑物;载体;运载工具	**support**

bearing ~	轴承座	support de palier
valve ~	阀座	support de valve
cartridge	座;芯子;筒;单元存储器	**douille**
bearing ~	轴承衬套	douille de palier
cascade	叶栅;栅;级;串、串联	**cascade/grille**
~ of blade	叶栅;栅;级;串联	grille d'aubes
finite ~	有限叶栅	grille d'aube finie
case	箱;柜;框;架;盒;罩;情况	**boite**
bottom ~	下壳	fond de carter
shielding ~	保护罩	blindage
casing	壳体;盒;套;包装	**boîtier**
~ of side channel pump	侧流道泵壳	boîtier de pompe avec canal latéral
annular ~	环形壳体;环形压水室	boîtier annulaire
circular ~	环形泵壳	boîtier circulaire
delivery ~	上壳(井泵);吐出段	boîtier de décharge
discharge ~	上壳(井泵);吐出段	boîtier de décharge
gear ~	齿轮箱	boîtier d'engrenage
stage ~	中段泵壳;中段	boîtier de corps de pompe
suction ~	吸入室(壳)前段	boîtier d'aspiration
volute ~	蜗形体;蜗壳	boîtier de volute/corps de volute
casting	铸件;铸造	**coulée**
chill ~	冷硬铸件	coulée à froid
compression ~	压铸(件)	coulée compressée
die ~	压铸件;压铸法	pièce coulée sous pression
gravity die ~	压铸件;重力压铸法	coulée sous pression par gravité
pressure ~	压铸	coulée sous pression

steel ~	铸钢	fonte
casualty	事故;损坏	**accident/dommage**
catalog(ue)	目录;一览表	**catalogue**
catcher	收集器;捕捉器;制动装置	**collecteur**
dust ~	除尘器	collecteur de poussières
grease ~	脂油收集器	collecteur de graisse
oil ~	集油器(盘)	collecteur de graisse
cathode	阴极	**cathode**
cavitation	汽蚀	**cavitation**
initial ~	初生汽蚀	cavitation initiale
cavity	空腔	**cavité**
vortex ~	旋涡区	cavité de vortex
cementite	渗碳体;碳化三铁	**cémentite**
centering	定心;中心调整	**centrage**
centi-bar	厘巴(压强单位)	**centibar**
centistokes	厘斯托克斯;厘泡(运动黏度单位)	**centistokes**
centre	中心	**centre**
~ of curvature	曲率中心	centre de courbure
~ of mass	质量中心	centre de masse
dead ~	死点;滞点	point mort
centreline	中线;中心线	**ligne médiane**
ceramics	陶瓷	**céramique**
chain	链;系统	**chaîne**
driving ~	传动链	chaîne de conduite
chair	座位;椅	**socle**
pipe ~	管托	tube
chamber	室	**chambre**
air ~	(空气)室	chambre à air

balancing ~	平衡室	chambre d'équilibrage
bearing cooling ~	轴承冷却室	chambre de refroidissement de palier
dust ~	除尘室	chambre de dépoussiéreur
gas-separation ~	气体分离室	chambre de séparation gazeuse
high pressure ~	高压腔	chambre sous haute pression
overflow ~	溢流室	chambre de déversement/déversoir
still-water ~	静水室	chambre de tranquillisation
suction ~	吸入室	chambre d'aspiration
volute ~	蜗室	chambre de volute
chamfer	倒角;槽;倒圆	**chanfreiner**
chamfret	倒角;倒圆	**chanfrein**
channel	渠道;流道;管道;风洞	**tunnel/canal**
~ of approach	吸水流道	tunnel d'entrée
approach ~	吸水流道	amont du tunnel
contracted ~	收缩流道	tunnel de contraction
contracting ~	收缩流道	tunnel contracté
convergent-divergent ~	收缩-扩散流道	tunnel convergent-divergent
curved ~	弯曲流道	tunnel incurvé
divergent ~	扩散流道	tunnel divergent
driving ~	引水渠道	tunnel d'amenée
expanded ~	扩散流道	tunnel d'élargissement
headrace ~	引水渠道	prise d'eau
open ~	明渠	canal ouvert
spiral ~	涡形道	canal en spirale
vane ~	叶片间流道	canal inter aube
vaned return ~	叶片式反向流道	canal de retour aubé
varying area ~	变截面流道	canal à aubes variables

characteristic	特性(曲线)	**courbe caractéristique**
cold performance ~	冷态特性曲线	courbe de caractéristique de performance à froid
combined ~	综合特性曲线	courbe caractéristique combinée
complete ~	全性能曲线	courbe complète
discharge ~	流量特性	caractéristique de décharge
dropping ~	下降特性	caractéristique de descente
dynamic ~	动力特性	caractéristique dynamique
external ~	外特性	caractéristique externe
friction(al) ~	摩擦特性	caractéristique de frottement
hot performance ~	热态特性曲线	courbe caractéristique de performance à chaud
internal ~	内特性	caractéristique interne
metering ~ of nozzle	喷嘴的流量特性	caractéristique de mesure d'injecteur
reverse speed ~	反转特性	caractéristique en régime inversé
shut-off ~	关死特性	caractéristique de fermeture
surge ~	波动特性;冲击特性	caractéristique de pompage
system ~	系统特性	caractéristique du système
transient ~	瞬态特性;过滤特性	caractéristique transitoire
zero torque ~	零转矩特性曲线	courbe caractéristique de couple nul
chart	图表	**graphique**
alignment ~	诺模图;列线图表	tableau-synoptique
conversion ~	换算图表	table de conversion
flow ~	程序框图;框图	graphique de performance
nomographic ~	诺模图;列线图	nomographie
viscosity correction ~	黏度修正图	graphique de correction de viscosité
check	检查;防止	**vérification**
chest	柜;室;盒;箱	**cylindre**

high pressure ~	高压腔	cylindre à haute pression
steam ~	蒸汽室	cylindre à la vapeur
valve ~	阀箱	boîtier de valve
chlorate	氯酸盐	**chlorate**
calcium ~	氯酸钙	chlorate de calcium
potassium ~	氯酸钾	chlorate de potassium
sodium ~	氯酸钠	chlorate de sodium
chloride	氯化物	**chlorure**
ammonium ~	氯化铵	chlorure d'ammonium
barium ~	氯化钡	chlorure de baryum
calcium ~	氯化钙	chlorure de calcium
magnesium ~	氯化镁	chlorure de magnésium
polyvinyl ~	聚氯乙烯	chlorure de polyvinyle
potassium ~	氯化钾	chlorate de potassium
sodium ~	氯化钠	chlorure de sodium
chlorobenzene	氯苯	**chlorobenzène**
chloroform	氯仿;三氯甲烷	**chloroforme**
chloronorgutta	聚氯丁烯;氯丁橡胶	**caoutchouc chloroprène**
chord	弦;弦长	**corde**
mean blade ~	叶片平均翼弦	corde basée sur la ligne moyenne
wing ~	翼弦	corde d'une aile
chromate	铬酸盐	**chromate**
sodium ~	铬酸钠	chromate de sodium
chroming	镀铬	**chromer**
chronometer	计时器	**chronomètre**
churning	造涡;涡度;涡流形成	**tourbillon**
circlip	弹性卡环;锁紧环;弹性锁紧环	**anneau élastique**
circuit	回路;循环;流程	**circuit**

closed ~	封闭回路;闭式回路	circuit fermé
cold test ~	冷态试验回路	circuit d'essai à froid
hydraulic ~	液压回路;液压系统	circuit hydraulique
short ~	短路	court-circuit
test ~	试验回路	circuit d'essai
circulation	环量;环流;循环	**circulation**
forced ~	强迫环流	circulation forcée
ideal ~	理想环流	circulation idéale
secondary ~	二次环流;次级环流	circulation secondaire
circumfluence	绕流;回流;环流	**circonférence**
cistern	水箱;水槽	**citerne/bassin**
water ~	水箱	citerne d'eau
cladding	敷层;镀层	**gainage**
clamp	卡头;夹板;夹钳	**pince**
clap	敲击	**clapet**
class	级;类;等级	**classe**
accuracy ~	精度等级	classe de précision
classification	分类	**classification**
claw	爪;把手;齿	**manche**
adjusting ~	调整爪	manche d'ajustage
cleaning	清理	**nettoyage**
clearance	游隙;间隙;许可证	**jeu**
axial ~	轴向间隙	jeu axial
running ~	运转间隙	jeu de fonctionnement
working ~	运转间隙	jeu fonctionnel
clearing	清除;消除	**détecteur**
~ of fault	故障排除	détecteur de pannes
clock	钟表	**horloge**
clogging	堵塞	**colmatage**

clutch	离合器	embrayage
dog ~	牙嵌式离合器	embrayage à crabots
jaw ~	爪形离合器	embrayage à engrenage
pawl ~	爪形离合器	embrayage à cliquet
ratch(et) ~	棘轮离合器	embrayage onguiforme
coat	涂敷;镀;涂层;镀层	couche/enduit
first ~	底漆	enduit primaire
coating	涂层;包覆层	enduit
metallic ~	金属涂层	enduit métallique
protective ~	保护涂层	enduit de protection
cock	旋塞;开关	purge
air release ~	放气旋塞	purge de désaération
drain ~	放水旋塞;排水开关	purge de drain
injection ~	注水旋塞	purge d'injection d'eau
pet ~	小活栓;小旋塞	purge amont
priming ~	注水旋塞	purge d'amorçage
vent ~	排气旋塞	purge de ventilation
code	代码;规范;程序;符号;指令	procédure/code/codage
command ~	指令码	procédure de commande
instruction ~	指令码	procédure d'instruction
test ~	试验规范;试验规程	procédure d'essais
coefficient	系数	coefficient
~ of contraction	收缩系数	coefficient de contraction
~ of discharge	流量系数	coefficient de décharge
~ of expansion	膨胀系数	coefficient d'elargissement
~ of friction	摩擦系数	coefficient de frottement
~ of heat-transfer	传热系数	coefficient de transfert de chaleur
~ of leakage	泄漏系数	coefficient de fuite

~ of nozzle loss	喷嘴损失系数	coefficient de perte d'aspiration
~ of resistance	阻力系数	coefficient de résistance
~ of viscosity	黏性系数	coefficient de viscosité
area ~	面积系数	coefficient surfacique
capacity ~	流量系数	coefficient de capacité
cavitation ~	汽蚀系数	coefficient de cavitation
contraction ~	收缩系数	coefficient de contraction
conversion ~	转换系数	coefficient de conversion
correction ~	修正系数	coefficient de correction
critical pressure ~	临界压力系数	coefficient de pression critique
discharge ~	流量系数	coefficient de décharge
drag ~	阻力系数	coefficient de résistance
dynamic ~ of viscosity	动力黏性系数	coefficient dynamique de viscosité
efflux ~	流出系数;流速系数;出流系数;流量系数	coefficient d' écoulement
expansion ~	膨胀系数	coefficient d'expansion
filter ~	过滤系数	coefficient de filtrage
flow ~	流量系数	coefficient de débit
head ~	扬程系数	coefficient de hauteur manométrique
induced drag ~	诱导阻力系数	coefficient de traînée induite
induction ~	诱导系数;感应系数	coefficient d'induction
kinematic ~ of viscosity	运动黏性系数	coefficient de viscosité cinématique
leakage ~	泄漏系数	coefficient de fuite
orifice-metering ~	流量计系数	coefficient de débitmètre
penetrating ~	穿透系数;漏损系数	coefficient de pénétration
pressure ~	压力系数	coefficient de pression
resistance ~	阻力系数	coefficient de résistance
roughness ~	粗糙系数	coefficient de rugosité

skin-friction ~	表面摩擦系数	coefficient de friction pariétale
sound-absorption ~	吸音系数	coefficient d'absorption acoustique
surface pressure ~	表面压力系数	coefficient de pression de surface
temperature ~	温度系数	coefficient de température
thrust（force）~	推力系数	coefficient de poussée
transmission ~	穿透系数;传导系数	coefficient de transmission
transparency ~	透明系数	coefficient de transparence
viscosity ~	黏性系数	coefficient de viscosité
coil	盘管;线圈;螺（旋）管;蛇形管	**bobine**
coincidence	符合;重合;一致	**coïncidence**
collar	圈;环;箍;环状物	**collier**
locating ~	定位缘套	collier de localisation
loose（shaft）~	轴肩挡圈	collier de serrage
protecting ~	［美］轴肩挡圈;防护罩	collier de protection
shaft ~	轴肩挡圈	collier d'arbre
thrust ~	止推环	collier de poussée
collector	收集器	**collecteur**
dust ~	除尘器	collecteur de poussières
oil ~	集油器	collecteur d'huile
collision	碰撞;冲击	**collision**
random ~	不规则碰撞;随机碰撞	collisions aléatoires
column	柱;列	**colonne**
discharge ~	扬水柱管	colonne de décharge
liquid ~	液柱	colonne de liquide
mercury ~	水银柱	colonne de mercure
support ~	支承柱管	colonne support
water ~	水柱	colonne d'eau

command	指令	commande
compensation	补偿	compensation
clearance ~	间隙补偿	compensation de jeu
error ~	误差补偿	compensation d'erreur
compensator	胀缩件;补偿器	compensateur
starting ~	起动补偿器;起动自耦变压器	compensateur de démarrage
complex-velocity	复(数)速度	vitesse complexe
component	分量;部件;成分	composante
~ of force	分力	composante des forces
force ~	分力	composante de la force
normal volocity ~	法向分速度;垂直分速度	composante normale
tangential ~	切向分量;圆周分量	composante tangentiel
velocity ~	速度分量	composante de vitesse
composition	合成;成分;合成物	composition
~ of forces	力的合成	composition de force
compressibility	(可)压缩性	compressibilité
computation	计算	calcul
hydrodynamic ~	流体动力计算	calcul hydrodynamique
performance ~	性能计算	calcul de performance
computer	计算器;计算机	ordinateur
digital ~	数字计算机	ordinateur numérique
electronic ~	电子计算机	ordinateur électronique
concentration	集中(度);浓度;浓缩	concentration
stress ~	应力集中	concentration des contraintes
concentricity	同心度	concentricité
condenser	冷凝器	condenseur
condition	状态;条件	condition
~ of testing	试验条件	condition d'essai

boundary ~	边界条件	condition aux limites
critical ~	临界状态	condition critique
cut-off ~	截止状态;关死状态	condition de fermeture
equilibrium ~	平衡状态	condition d'équilibre
normal ~	标准状态;正常状态	condition normale
operating ~	运行工况;运行条件;工作状态	condition de fonctionnement
pump operating ~	泵工况	condition de fonctionnement de la pompe
simulated ~	模拟状态;模拟条件	condition simulée
testing ~	试验条件	condition d'essai
turbine operating ~	水轮机工况	condition de fonctionnement de turbine
conduction	传导;导电性;传导率	**conduction**
~ of heat	热传导	conduction de chaleur
conductivity	传导性;传导率	**conductivité**
heat ~	导热率	conductivité de la chaleur
thermal ~	导热率	conductivité thermique
conduit	管道;导管	**conduit**
open ~	明渠	conduit ouvert
cone	圆锥;锥体;锥形	**cône**
delivery ~	吐出锥管;排出锥管	cône d'injection
discharge ~	吐出锥管;排出锥管	cône de décharge
throat ~	喉部锥管	cône de col
configuration	外形;形状	**configuration**
connection	连接;接头;联接;连接机构	**connexion**
delta ~	三角形接线法	connexion en triangle
star ~	星形接线法;Y 形连接法	connexion en étoile
star-delta ~	星形-三角形接线法	connexion en étoile-triangle
connector	连接器;接头;接线柱	**connecteur**

console	控制台	**console**
control ~	控制台	contrôle
constant	常数	**constante**
capacity ~	出口轴面速度系数;流量系数	constante de capacité
circular speed ~	圆周速度系数	constante de vitesse de rotation
integration ~	积分常数	constante d'intégration
meter ~	计量仪表常数	constante de compteur
speed ~	速度系数	constante de vitesse
constantan	铜镍合金;康铜	**constantan**
construction	构造;结构	**construction**
consumption	消耗	**consommation**
contactou	接触器	**contacteur**
content	容量;容积;含量;内容	**teneur**
contour	轮廓;略图;等高线	**contour**
contraction	收缩;缩短;收敛	**contraction**
abrupt ~	突然收缩	contraction brusque
sudden ~	突然收缩	contraction soudaine
control	控制;调节;管理;检查;控制机构	**contrôle**
automatic ~	自动控制	contrôle automatique
automatic remote ~	自动遥控	télécontrôle automatique
capacity ~	容量控制	contrôle de capacité
cavitation ~	汽蚀调节	contrôle de cavitation
centralized ~	集中控制	contrôle centralisé
distance ~	遥控	contrôle à distance
flow ~	流量调节	contrôle de flux
hand ~	手动控制	contrôle à la main
manual ~	手动控制	contrôle manuel
pressure ~	压力调节	contrôle de pression

quality ~	质量检验;质量管理	contrôle de qualité
remote ~	遥控	contrôle à distance
semiautomatic ~	半自动调节	contrôle semi-automatique
speed ~	速度调节	contrôle de vitesse
temperature ~	温度调节	contrôle de température
water ~	水位调节	contrôle de niveau de l'eau
controller	调节装置;控制装置;操纵装置;检验员	**contrôleur**
master ~	主控制器	contrôleur maître
convection	对流	**convection**
~ of heat	热对流	convection de la chaleur
forced ~	强迫对流;强制对流	convection forcée
free ~	自然对流	convection libre
heat ~	热对流;对流传热	chaleur convectée
cooler	冷却器;制冷装置	**refroidisseur**
coiled pipe ~	盘管冷却器	refroidisseur de tuyau enroulé
oil ~	油冷却器	refroidisseur d'huile
cooling	冷却;冷凝	**refroidissement**
air ~	空气冷却	refroidissement à air
water ~	水冷却	refroidissement à eau
coordinate	坐标	**coordonnées**
Cartesian ~	笛卡尔坐标	coordonnées cartésiennes
circular cylindrical ~	圆柱坐标	coordonnées cylindriques
curvilinear ~	曲线坐标	coordonnées curvilignes
polar ~	极坐标	coordonnées polaires
rectangular ~	直角坐标	coordonnées rectangulaires
symmetrical ~	对称坐标	coordonnées symétriques
copperas	绿矾;硫酸亚铁	**vitriol vert**
green ~	绿矾;硫酸亚铁	sulfate ferreux
cord	绳索;缆	**corde**

asbestos ~	石棉绳	corde d'amiante
core	铁芯;芯;磁芯;型芯	**noyau**
pole ~	磁心	noyau polaire
vortex ~	涡心;涡核	noyau de tourbillons
correction	修正	**correction**
error ~	误差修正	correction d'erreur
corrosion	腐蚀;侵蚀	**corrosion**
chemical ~	化学腐蚀	corrosion chimique
contact ~	接触腐蚀	corrosion de contact
electrochemical ~	电化学腐蚀	corrosion électrochimique
electrolytic ~	电解腐蚀	corrosion électrolytique
galvanic ~	电化学腐蚀	corrosion galvanique
intercrystalline ~	晶间腐蚀	corrosion intercristalline
intergranular ~	晶间腐蚀	corrosion intergranulaire
localized ~	局部腐蚀	corrosion localisée
corrosion-proof	耐腐蚀	**anticorrosif**
corundum	刚玉;钢玉;金刚砂	**corundum**
counter	计数器;对立面;筹码	**comptoir/compteur**
cycle ~	频率计	compteur du cycle
digital ~	数字计数器	compteur numérique
revolution ~	转速表	compteur de rotation
counter-boring	锪孔	**chambrage**
countercurrent	对向流动;迎面流动	**aéromètre**
counterflow	对向流动;迎面流动	**débimètre**
counterweight	配重;平衡重	**contrepoids**
couple	力偶;偶;连接;耦合	**couple**
~ of forces	力偶	couple de forces
torsion ~	扭力偶	couple de torsion
coupling	联轴器	**accouplement**

claw ~	爪形联轴器	accouplement en forme de griffe
cone（type）~	锥形联轴器	accouplement conique
dog ~	爪形联轴器	accouplement en forme de pince
elastic ~	挠性联轴器	accouplement élastique
electromagneic ~	电磁联轴器	accouplement électromagnétique
flexible ~	挠性联轴器	accouplement flexible
flexible disc ~	弹性盘联轴器	accouplement de disque souple
flexible flange ~	挠性法兰联轴器	accouplement de bride flexible
flexible pin ~	弹性圆柱销联轴器	accouplement de broche flexible
gear-type ~	齿形联轴器	accouplement à engrenage
jaw ~	爪形联轴器	accouplement à griffes
magneto ~	电磁联轴器	accouplement électromagnétique
pin ~	柱销联轴器	accouplement à goupille
rigid ~	刚性联轴器;刚性联接	accouplement rigide
screwed ~	螺纹联轴器	accouplement vissé
sleeve ~	套筒联轴器	accouplement à manchon
solid ~	刚性联轴器	accouplement direct
taper ~	锥形联轴器	accouplement conique
cover	盖;壳;套;罩	**couvercle/protection**
~ for heating jacket	加热套盖	couvercle chauffant
~ for valve box	阀箱盖	couvercle de vanne
bearing ~	轴承盖	couvercle de palier
bearing end ~	轴承端盖	couvercle d'extrémité de tige à palier
casing ~	泵盖	couvercle
delivery ~	吐出盖	couvercle d'alimentation
discharge ~	吐出盖	couvercle de décharge
dome ~	顶盖	couvercle du dôme

drain ~	排水孔盖	couvercle de drain
handhole ~	手孔盖	couvercle de trou
inspection ~	检查孔盖	couvercle d'inspection
oil ~	油孔盖	couvercle d'huile
oil preventer ~	防油盖	couvercle d'obturateur d'huile
oil well ~	油池盖	couvercle de puits d'huile
pressed-in type bearing ~	压入式轴承盖	couvercle de palier
suction ~	吸入盖	couvercle d'aspiration
valve box ~	阀箱盖	couvercle de boîtes à soupape
crack	裂纹;裂隙	**fissure**
hair ~	发(细)裂纹	fissure fine
cradle	机架	**berceau**
crane	起重机	**grue**
bridge ~	桥式起重机	pont de grue
frame ~	龙门起重机	grue portique
gantry ~	龙门起重机	portique extérieur
crank	曲柄	**manivelle**
crankguard	曲轴防护罩	**couverture de vilebrequin**
crankshaft	曲轴	**vilebrequin**
creep	蠕变;滑移	**déformation due au fluage**
crest	峰;峰值;最大值	**sommet/crête**
wave ~	波峰	crête d'onde
criterion	准则;判据;准数;判别式	**critère**
dimensionless ~	无因次准则	critère adimensionnel
thermal cavitation ~	汽蚀热力准则	critère de cavitation thermique
crosshead	十字头	**crosse**
crossover	回流管;交叉;跨越	**croisement**
interstage ~	级间导流管	croisement interétage

cross-section	横截面	**section transversale**
cryopump	低温泵	**pompe cryogenique**
~ for liquefied natural gas	液化天然气用低温泵	pompe cryogenique pour gaz naturel liquéfié
cup	杯;帽;罩;盘	**tasse/coupe/godet**
bucket ~	活塞密封碗	godet de piston hermétique
grease ~	滑脂油杯	godet graisseur
oil ~	油杯	graisseur à huile
piston ~	活塞密封碗	godet de piston hermétique
curl	旋度	**curviligne**
current	流动;电流	**courant**
air ~	（空）气流	courant d'air
alternating ~	交流（电）	courant alternatif
direct ~	直流（电）	courant continu
eddy ~	涡流	tourbillon
starting ~	起动电流	courant de démarrage
curvature	曲率;弯度	**courbure**
mean ~	平均曲率	courbure moyenne
vane ~	叶片弯度	courbure d'aube
curve	曲线;曲线板	**courbe**
brake horsepower ~	功率曲线;轴功率曲线;制动功率曲线	courbe de puissance
calibration ~ of motor	马达校准曲线	courbe d'étalonnage de moteur
cavitation-free ~	无汽蚀曲线	courbe sans cavitation
characteristic ~	特性曲线	courbe caractéristique
condition ~	状态曲线	courbe de condition
correction ~	修正曲线	courbe de correction
dynamic characteristic ~	动态特性曲线	courbe caractéristique dynamique
efficiency ~	效率曲线	courbe d'efficacité

equi-efficiency ~	等效率曲线	courbe d'équi-efficacité/courbe d'équi-rendement
performance ~	性能曲线;工作特性曲线	courbe de performance
pipe line resistance ~	管路阻力曲线	courbe de résistance de tuyau
plane ~	平面曲线	courbe plane
pressure ~	压力曲线	courbe de pression
rating ~	名义特性曲线	courbe de tarage
speed characteristic ~	速度特性曲线	courbe caractéristique de vitesse
stable characteristic ~	稳定的特性曲线	courbe caractéristique stable
static characteristic ~	静态特性曲线	courbe caractéristique statique
system ~	系统曲线	courbe caractéristique du système
system head ~	管路阻力曲线;装置扬程曲线	courbe caractéristique du réseau
unstable characteristic ~	不稳定的性能曲线;驼峰形特性曲线	courbe caractéristique instable
cushion	垫层;垫子;缓冲器	**coussin**
air ~	气垫	coussin d'air
cut	切;割;切断;切削	**couper**
impeller ~	叶轮切割	coupure de roue
cut-in	接通;开始工作	**brancher**
cut-off	切断;停止工作;断开	**couper**
cutter	切削工具;截断器;刀具	**couteau**
pipe ~	切管机	section de tuyau
cutting	切割;切断	**coupe/section**
impeller ~	切割工作轮	section de coupe
cut-water	隔舌	**coupure de l'eau**
cyanide	氰化物	**cyanure**
cycle	循环;周期	**cycle**
cycloid	摆线	**cycloïde**

cylinder	柱;柱面;圆筒;汽缸	**cylindre**
graduated ~	量筒	cylindre gradué
measuring ~	量筒	cylindre de mesure
pump ~	泵缸	cylindre de pompe

D

dam	坝;堰	**barrage**
overflow ~	溢流坝	débordement d'un barrage
damage	损伤;损坏	**dommage**
cavitation ~	汽蚀破坏	dommage par cavitation
damper	减震器;缓冲器;阻尼器;消音器	**amortisseur**
vibration ~	吸震器;缓冲器	amortisseur de vibration
viscous ~	黏性阻尼器	amortissement visqueux
damping	阻尼;衰减	**amortissement**
danger	危险	**danger**
data	数据;资料	**données**
design ~	设计数据	données nominales
empirical ~	经验数据	données empiriques
initial ~	设计数据;原始数据	données initiales
test ~	试验数据;试验资料	données expérimentales
datum	基准线;基准面;数据;资料	**repère**
deaerator	除气器	**dégazeur/aérateur**
deceleration	减速(度);负加速度	**décélération**
decibel	分贝	**décibel**
decompression	减压	**décompression**
deep-groove	深槽	**rainure profonde**
defect	缺点;缺欠;缺陷;故障	**défaut**
deflection	偏差;偏摆;挠度;偏转	**déflection**
dynamic ~	动挠度	déflection dynamique

static ~	静挠度	déviation statique
deflector	［美］挡油环;挡油器;导流片;折流板	**déflecteur**
deformation	变形;形变	**déformation**
plastic ~	塑性形变	déformation plastique
degree	度;次;程度;等级	**degré**
~ of reaction	反应度;反作用度	degré de la réaction
~ of vacuum	真空度	degré de vide
Engler ~	恩式黏度	degré d'Engler
delay	延迟;滞后;迟缓	**retard**
delivery	供给;输送;耗量;流量	**débit**
water ~	供水	débit hydraulique
demand	要求;需要;需要量	**demande**
density	密度	**densité**
relative ~	相对密度	densité relative
dependability	可靠性	**fiabilité**
dependence	相关;相依;关系	**dépendance**
linear ~	线性相关	dépendance linéaire
deposit	沉积;沉淀物	**dépôt**
depression	降低;衰减;抽空	**dépression**
dynamic ~	动压降	dépression dynamique
depth	深度	**profondeur**
~ of centre line	中心线深度	profondeur de ligne centrale
~ of water	水深	profondeur de l'eau
derivative	导数;微商;变形;改型	**dérive**
partial ~	偏导数	dérive partielle
derrick	起重吊杆;起重臂	**potence de surcharge**
design	设计;结构	**plan/dessin**
~ by use of affinity laws	相似设计	plan affine

~ of pump station	泵站设计	plan de station de pompe
normal ~	常用结构;标准结构;正常设计	plan normal
desk	台;桌	**bureau**
control ~	控制台	bureau de contrôle
detector	探测器;检波器	**détecteur**
flaw ~	探伤器	détecteur de défaut
leak ~	泄漏探测器;泄漏指示器	détecteur de fuites
liquid leak ~	泄漏指示器	détecteur de fluide liquide
deterioration	损伤;恶化;变质	**détérioration**
determinant	行列式;决定要素	**déterminant**
determination	确定	**détermination**
development	展开;扩散;发展	**développement**
plane ~	平面展开图	développement du plan
deviation	偏移;飘移	**déviation**
system ~	控制偏差;系统偏差	déviation du système
device	装置;方法	**dispositif**
adjusting ~	调整装置	dispositif de réglage
automatic starting ~	自动起动器	dispositif de démarrage automatique
balance ~	平衡装置	dispositif de balance
diffuser ~	扩压装置;扩散装置	dispositif de diffusion
distant warning ~	远距离报警装置	dispositif d'alerte à distance
experiment ~	试验装置	dispositif d'expérimentation
fire protection ~	消防装置	dispositif de protection contre les incendies
locking ~	锁紧装置	dispositif de verrouillage
lubricating ~	润滑装置	dispositif de lubrification
pressure relieving ~	卸压装置	dispositif relevé de pression
pumping ~	泵装置	dispositif de pompe

safety ~	安全装置	dispositif de sécurité
sound-measuring ~	测音器	dispositif de mesure du son
sound-proof ~	隔音装置	dispositif d'isolation acoustique
sprinkling ~	喷灌机	dispositif d'aspersion
testing ~	试验装置	dispositif d'essai
timing ~	计时装置	dispositif de chronométrage
valve lifting ~	阀抬起装置	dispositif du levage de la vanne
venting ~	通气装置	dispositif de ventilation
diagonal	对角线;斜杆	**diagonal**
diagram	图表	**schéma**
flow ~	程序框图;框图	schéma du procédé
graphical ~	回路图	diagramme graphique
indicator ~	示功图	indicateur
inlet ~	入口速度图	schéma d'entrée
inlet velocity ~	入口速度图	diagramme de vitesse d'entrée
vector ~	矢量图;向量图	diagramme de vecteur
velocity ~	速度图	diagramme de vitesse
dial	刻度盘	**cadran**
diameter	直径	**diamètre**
bore ~	孔径	diamètre du forage
equivalent ~	当量直径	diamètre équivalent
mean effective ~	平均有效直径	diamètre effective moyen
diaphragm	隔膜;隔板	**diaphragme**
interstage ~	[美]级间隔板	diaphragme interétage
die	螺丝板;板牙;锻模	**matrice**
pipe ~	管螺纹板牙	matrice de tuyau
diesel	柴油机	**diesel**
difference	差;差分;差别	**différence**
algebraic ~	代数差	différence algébrique

phase ~	相位差	différence de phase
potential ~	位差;势差	différence de potentiel
temperature ~	温度差	différence de température
differential	微分;差动装置;差速器	**différentiel**
total ~	全微分	différentiel total
diffuser	导流器;扩压器;扩散管;[美]导流体	**diffuseur**
axial ~	轴向导叶	diffuseur axial
outlet ~	出口导叶	diffuseur de sortie
radial ~	径向导叶	diffuseur radial
diffusion	扩散	**diffusion**
digit	数字;数;代号	**chiffre**
binary ~	二进制数字	chiffre binaire
dimension	尺寸;量纲;因次	**dimension**
extreme ~	极限尺寸	dimension extrême
overall ~	外廓尺寸	dimension globale
dipstick	量油尺;量油杆;测深尺;水位指示器	**règle/jauge**
oil ~	量油尺	règle de jaugeage
direction	方向;指向	**direction**
~ of rotation	旋转方向	direction de rotation
disassembly	拆卸;解体	**démontage**
disc	圆盘;圆板;圆片	**disque**
balance ~	平衡盘	disque de balance
balancing ~	[美]平衡盘	disque d'équilibre
cover ~	圆盘盖	disque de couvercle
crank ~	曲拐盘	disque de vilebrequin
labyrinth ~	迷宫盘	disque de labyrinthe
lubricating ~	甩油环	disque de dépistage
profile ~	成型圆盘	disque profilé

thrust ~	推力盘	disque de poussée
valve ~	阀盘	disque de valve
discharge	吐出;送出;流量	**débit**
large ~	大流量	débit fort
little ~	小流量	débit faible
normal ~	正常流量	débit normal
specific ~	比流量	débit spécifique
disconnection	断开;分离	**déconnexion**
discrepancy	差异;不符值	**différence**
displacement	位移;变位	**déplacement**
piston ~	活塞排量	déplacement du piston
disposal	配置;布置;排列	**disposition**
dissipation	耗散;逸散;损耗	**dissipation**
distance	距离;间距	**distance**
vertical ~	垂直距离	distance verticale
distribution	分布	**distribution**
pressure ~	压力分布	distribution de pression
distributor	分配器	**distributeur**
disturbance	扰动;干扰	**perturbation**
ditch	沟	**fossé**
divergence	散度	**divergence**
division	分度;除法;分离;刻度	**division**
dowel	定位销(钉)	**goujon**
drag	阻力;拉;曳	**résistance/trainée**
form ~	形状阻力	trainée de forme
drain	排水	**drain**
drainage	排水	**drainage**
flood ~	排涝	drainage des eaux
drawbar	拉杆;拉钩;连接器	**barre d'attelage**

drawbolt	牵引螺栓	**boulon de remorquage**
drawing	绘图;图纸;拉;曳;回火	**plan/dessin**
assembly ~	装配图	plan d'assemblage
design ~	设计图	plan d'ensemble
detail ~	零件图	plan de pièces détachées
erection ~	安装图	plan de montage
free hand ~	草图	esquisse
installing ~	安装图	plan d'installation
piping ~	管路图	plan de la tuyauterie
schematic ~	示意图;简图	plan schématique
drive	驱动;传动;激励;推进	**entraînement**
direct ~	直接驱动	entraînement direct
driver	驱动装置;螺丝刀	**commande**
drop	落下;滴;损耗	**chute/perte**
~ of pressure	压降	chute de pression
local pressure ~	局部压降	chute de pression locale
pressure ~	压降	perte de pression
drum	鼓轮;滚筒	**tambour**
balance ~	平衡鼓	tambour d'équilibrage
balancing ~	[美]平衡鼓	tambour de balance
plunger ~	柱塞鼓形缸套	tambour du plongeur
duct	通道;导管;沟道;槽	**conduit**
pipe ~	管沟	conduit de tuyau
durability	耐久性;耐用性	**durabilité**
duralumin(ium)	杜拉铝;硬铝;笃铝	**duralumine**
duty	工作制度;工作规范;工作;负载;功能	**devoir/tâche**
hot stand-by ~	热备用状态	opération de rechange
pump operating ~	泵工况	fonctionnement opérationnel de pompe

dynamics	动力学	**dynamique**
gas ~	气体动力学	dynamique de gaz
dynamometer	测功计;测力计	**dynamomètre**
hydraulic ~	水力测功机	dynamomètre hydraulique
torsion ~	扭力测功器	dynamomètre de torsion
dynamo-motor	马达天平	**dynamo-moteur**

E

earth	接地;地球	**terre**
ebonite	硬质橡胶;胶木	**ébonite**
eccentricity	偏心率;偏心距	**excentricité**
eddy	旋涡	**tourbillon**
forced ~	强制旋涡	tourbillon forcé
eddy-making	造涡	**création de tourbillon**
edge	边(缘);棱;刃	**bord**
entrance ~	进口边	bord d'accès/bord d'attaque
inlet ~	叶片进口边	bord d'entrée
knife ~	刀口;锐缘	bord d'attaque mince
leading ~	前缘	bord d'attaque
outlet ~	叶片出口边	bord de sortie
trailing ~	后缘	bord de fuite
effect	效应;作用;影响	**effet**
~ of boundary	边界层效应	effet de bord
~ of viscosity	黏性效应	effet de viscosité
cavitation ~	汽蚀效应	effet de cavitation
damping ~	阻尼效应	effet d'amortissement
flywheel ~	飞轮效应	effet de volant d'inertie
gyroscopic ~	陀螺效应	effet gyroscopique
scale ~	尺度效应;比例效应	effet d'échelle
size ~	尺寸效应	effet dimensionnel

thermosiphonic ~	热虹吸效应	effet thermique de siphon
thermosyphonic ~	热虹吸效应	effet thermique de siphon
effectiveness	效用;效率;有效性	**efficacité**
vane ~	叶片效率;叶片效应	efficacité des aubes
efficiency	效率	**rendement**
~ of actual measurement	实测效率	rendement mesuré
adiabatic ~	绝热效率	rendement adiabatique
aerodynamic ~	气动力效率;升阻比	rendement aérodynamique
average ~	平均效率	rendement moyen
blade ~	叶片效率	rendement de profil
full load ~	满载效率	rendement de pleine charge
gross ~	总效率	rendement global
hydraulic ~	水力效率	rendement hydraulique
internal ~	内效率	rendement interne
isentropic ~	等熵效率	rendement isentropique
isothermal ~	等温效率	rendement isotherme
manometric ~	压力表效率	rendement manométrique
mechanical ~	机械效率	rendement mécanique
optimal ~	最佳效率	rendement optimal
overall ~	总效率;全效率	rendement global
peak ~	最大效率	rendement maximal
polytropic ~	多变效率	rendement polytropique
total ~	全效率	rendement total
vane ~	叶片效率	rendement d'une vanne
volume ~	容积效率	rendement volumique
volumetric ~	容积效率	rendement volumétrique
eigen-function	固有函数;特征函数	**fonction propre**
eigen-value	特征值	**valeur propre**
ejector	喷射泵;喷射器	**éjecteur**

gas ~	气体喷射泵	éjecteur de gaz
gas jet liquid ~	气抽液喷射泵	éjecteur de jet gaz-liquide
liquid ~	液体喷射泵	éjecteur de liquide
oil ~	油喷射器	éjecteur d'huile
steam ~	蒸汽喷射泵	éjecteur à vapeur
steam jet air ~	汽抽气喷射泵	éjecteur de jet gaz-vapeur
steam jet water ~	汽抽水喷射泵	éjecteur de jet vapeur-eau
water ~	水喷射泵	éjecteur d'eau
water jet ~	喷水器	éjecteur de jet d'eau
water jet air ~	水抽气喷射泵	éjecteur de jet eau-vapeur
elasticity	弹性;弹性理论	**élasticité**
elbow	肘管;弯管	**coude**
delivery ~	吐出弯管;排出弯管	coude d'évacuation
discharge ~	吐出弯管;排出弯管	coude de décharge
inlet ~	吸入弯管	coude d'entrée
plate ~	平肘管	coude plat
suction ~	吸入弯管	coude d'aspiration
electrode	电极	**électrode**
electrolyte	电解液	**électrolyte**
element	元件;部件;零件;元素;成分;单元	**élément**
rotating ~ (of mechanical seal)	［美］动环	élément rotatif de joint mécanique
sensitive ~	敏感元件	élément sensible
stationary ~ (of mechanical seal)	［美］静环	élément stationnaire de joint mécanique
elevation	绝对高度;海拔(高度);标高;仰角;正视图	**élévation**
datum ~	基准面标高	élévation de repère
elevator	提升机;升降机	**élévateur**
bucket ~	斗链水车;链带戽斗水车	élévateur à godets

hydraulic ~	提水器;液压升降机	élévateur hydraulique
ellipse	椭圆	**ellipse**
elongation	伸长;拉伸	**allongement**
emergency	紧急情况;危险;事故	**urgence**
emery	金刚砂	**sable d'émeri**
powdered ~	金刚砂粉	poudre d'émeri
emulsion	乳浊液;乳胶	**émulsion**
enamel	珐琅;涂瓷漆;搪瓷	**émail**
end	端部;结束;终端	**fin**
energy	能;能量;能力	**énergie**
~ of compression	压缩能	énergie de compression
~ of position	位能	énergie de position
internal ~	内能	énergie interne
kinetic ~	动能	énergie cinétique
latent ~	潜能	énergie latente
mechanical ~	机械能	énergie mécanique
potential ~	势能	énergie potentielle
pressure ~	压能	énergie de pression
stagnation ~	滞止能	énergie d'arrêt
stored ~	蓄藏能;储备能;积累能	énergie stockée
total ~	总能量	énergie totale
engine	发动机	**moteur**
Diesel ~	柴油机;狄塞尔发动机	moteur diesel
internal combustion ~	内燃机	moteur à combustion interne
steam ~	蒸汽机	moteur à vapeur
steam pumping ~	蒸汽机泵	moteur de la pompe à vapeur
engineering	工程	**ingénierie**
enlargement	扩大;放大;增补	**élargissement**
abrupt ~	突然扩大	élargissement brusque

enthalpy	焓;热函	**enthalpie**
entrance	进口;入口	**entrée**
impeller ~	叶轮进口	entrée de roue
shockless ~	无冲击进口	entrée sans choc
entropy	熵	**entropie**
entry	进口;入口	**entrée**
epicycloid	外摆线;圆外旋轮线	**épicycloïde**
equalizer	均衡器;平衡器;补偿器	**égaliseur**
pressure ~	均压器;均压管	égaliseur de pression
equation	方程(式);等式	**équation**
~ of continuity	连续(性)方程	équation de continuité
~ of dynamics	动力方程	équation de dynamique
algebraic ~	代数方程	équation algébrique
characteristic ~	特性方程	équation caractéristique
differential ~	微分方程	équation différentielle
dynamic ~	动力方程	équation dynamique
integral ~	积分方程	équation intégrale
linear differential ~	线性微分方程	équation différentielle linéaire
partial differential ~	偏微分方程	équation différentielle partiel
power ~	功率方程	équation de puissance
proper ~	特征方程	équation adéquate
equilibrium	平衡	**équilibre**
stable ~	稳定平衡	équilibre stable
thermodynamic ~	热动力平衡	équilibre thermodynamique
equipment	装置;设备;仪器	**équipement**
auxiliary ~	辅助设备	équipement auxiliaire
drawing ~	制图仪器	équipement de dessin
power ~	动力设备	équipement de puissance
remote measuring ~	遥测设备	équipement de mesure à distance

remote monitoring ~	远距离监视装置	équipement de surveillance à distance
telemetering ~	遥测设备	équipement de télémesure
equiponderant	平衡状态	**équipondérant**
equivalent	当量;等效;等值	**équivalent**
mechanical ~ of heat	热功当量	équivalent mécanique de chaleur
erosion	冲蚀;冲刷;浸蚀;磨损	**érosion**
cavitation ~	汽蚀腐蚀	érosion de cavitation
fiberous ~	条纹状浸蚀	érosion de striure
gully ~	冲沟浸蚀	érosion de rigole
error	误差	**erreur**
absolute ~	绝对误差	erreur absolue
accidental ~	偶然误差	erreur accidentelle
admissible ~	容许误差	erreur admissible
allowable ~	容许误差	erreur autorisée
average ~	平均误差	erreur moyenne
combined ~	综合误差	erreur cumulée
instrumental ~	仪表误差	erreur instrumentale
mean ~	平均误差	erreur moyenne
mean square ~	均方误差	erreur quadratique moyenne
observation ~	观测误差	erreur de lecture
percentage ~	误差百分率	pourcentage d'erreur
permissible ~	允许误差;公差	erreur permise
probable ~	概率误差;或然误差	erreur probable
relative ~	相对误差	erreur relative
systematic ~	系统误差	erreur systématique
thermometric ~	温度测量误差	erreur thermométrique
variable ~	偶然误差	erreur variable
escape	逸出;逃逸;脱离	**évasion/évacuation**

estimation	估计;评定;估价	estimation
power ~	功率估算	estimation de puissance
ethane	乙烷	éthane
ether	乙醚;以太	éther
mineral ~	石油醚	éther minérale
petroleum ~	石油醚	éther pétrolier
ethylene	乙烯	éthylène
evaporation	蒸发;挥发;汽化	évaporation
examination	检验	examen
exchanger	交换器;热交换器	échangeur
counter flow heat ~	逆流热交换器	échangeur de chaleur à contre flux
heat ~	热交换器	échangeur de chaleur
excitation	激励;激发;扰动	excitation
exciter	励磁机;激振器	excitateur
exhaust	吐出	échappement
air ~	排气	échappement d'air
exhauster	抽气机	évacuateur
expand	膨胀;展开	étendre/expansion
expansion	膨胀;扩展;展开;展开式	expansion
asymptotic ~	渐近展开(式)	expansion asymptotique
thermal ~	热膨胀	expansion thermique
expenditure	费用;开支;消费;消耗	dépenses
capital ~	基本费用;固定投资	dépenses capitales
experiment	试验	expérience
explorer	探测器	explorateur
exponent	指数;幂	exponent
extinguisher	消除器;灭火器	extincteur
fire ~	灭火器	extincteur du feu

extractor	拉出器;分离装置	**extracteur**
extremum	极值	**extrême**
eye	眼孔;环	**ouïe**
impeller ~	叶轮进口	ouïe de la roue
lifting ~	起吊孔	oeuillet de levage
suction ~	吸入孔	ouïe d'aspiration
eyebolt	吊环螺钉	**boulon**

F **face**	面;表面	**face/front**
leading (front) ~	工作(前)面	face d'attaque
leading ~ of vane	叶片工作面	front d'aube
facility	设备;装置;工具;机关;可能性	**installation**
testing ~ ies	试验设备	installations d'essais
factor	因子;因素;乘数;系数	**facteur/coefficient**
~ of safety	安全系数	facteur de la sécurité
calibration ~	标定系数;校准因数	facteur d'étalonnage
conversion ~	换算系数	facteur de conversion
correction ~	修正系数	facteur de correction
design ~	设计系数	facteur de conception
friction ~	摩擦系数	facteur de friction
gasket ~	垫片系数	facteur du joint
power ~	功率因数	facteur de puissance
reduction ~	缩小系数	facteur de réduction
safety ~	安全系数	facteur de sécurité
scale ~	比例系数	facteur d'échelle
factory	工厂	**usine**
failure	破坏;故障;损坏	**rupture**
fatigue ~	疲劳破坏(断裂)	rupture de fatigue
fan	通风机;风扇	**ventilateur**

feed	供给;输送	alimentation
pressure ~	压力供给	alimentation de pression
feedback	反馈;回授	rétroaction
feeler	塞规;厚薄规;灵敏元件	palpeur
ferrite	铁素体;铁酸盐	ferrite
ferro-alloy	铁合金	ferro-alliages
ferromanganese	锰铁(合金)	ferro-manganèse
fibre	纤维;硬纸板	fibre
asbestos ~	石棉纤维	fibre d'amiante
glass ~	玻璃纤维	fibre de verre
field	场;范围;区;域	champ
flow ~	流场	écoulement
scalar ~	标量场;纯量场	champ scalaire
vector ~	向量场	champ de vecteurs
figure	图形;数字	figure
significant ~	有效数(字)	figure significative
filler	填充物;垫片;加油口;漏斗	remplissage
film	薄膜;膜;软片;胶片	film
polyester resin ~	聚酯树脂薄膜	film de résine de polyester
filter	过滤器;滤波器;滤清器;滤纸	filtre
air release ~	排气过滤器	filtre d'échappement d'air
oil ~	油过滤器;滤油器	filtre d'huile
self-cleaning ~	自清理过滤器	filtre autonettoyant
vent ~	排气过滤器	filtre de ventilation
fin	飞翅;散热片	ailette
air-cooling ~	风冷散热片	ailette de refroidissement d'air
finder	探测器	localisateur
finishing	精加工;磨光	finition

fit	配合	**conformité(compatibilité)**
medium ~	中级配合	conformité de marériau
slide ~	(滑)动配合	conformité de surface
sliding ~	(滑)动配合	conformité de surface de glissement
stationary ~	静配合	conformité stationnaire
transition ~	过渡配合	conformité transitoire
fitting	配合;调整;接头;配件;零件	**raccord**
flange	法兰;凸缘	**rebord**
blank ~	无孔法兰;管口盖板	bride d'obturation
blind ~	无孔法兰;管口盖板	bride aveugle
centring ~	对心法兰	bride de centrage
companion ~	双端法兰	bride de compagnie
loose ~	松套法兰	bride lâche
mounting ~	对心法兰;安装用法兰	bride de montage
flapper	舌门;拍门	**languette**
flash	闪光;溢流	**flash**
flashing	闪蒸;突然汽化	**flashing**
flexibility	挠性;适应性	**flexibilité**
flinger	抛油环	**rondelle autolubrifiante**
oil ~	挡油圈	déflecteur d'huile
float	浮子;浮筒;浮体;浮动	**flotteur**
floatage	浮力;漂浮(物)	**flottement**
flow	流动;流量	**écoulement**
~ around body	物体绕流	écoulement autour d'un corps
~ in continuum	连续流动	écoulement continu
~ in three dimensions	三维流动	écoulement en trois dimensions
~ of matter	物质流	écoulement de matière
~ of monentum	动量变化;动量流量	écoulement de la quantité de mouvement

~ per unit area	单位面积流量	écoulement par surface unitaire
absolute ~	绝对流动	écoulement absolu
annular liquid ~	液体环状流动	écoulement de liquide annulaire
average ~	平均流动	écoulement moyen
axial ~	轴向流动	écoulement axial
axisymmetrical ~	轴对称流	écoulement axi-symétrique
blade to blade ~	叶片间流动	écoulement interaubes
boundary-layer ~	边界层流动	écoulement de la couche limite
by-pass ~	旁通流	écoulement de dérivation
capillary ~	毛细管流动	écoulement de tube capillaire
cascade ~	叶栅中流动	écoulement entre les grilles d'aube
cavity ~	空穴流动	écoulement de cavité
circulation ~	环流	écoulement de circulation
compressible ~	可压(缩)流动	écoulement compressible
continuum ~	连续流动	écoulement continu
contracting ~	收缩流动	écoulement contracté
contracting duct ~	收缩流道	écoulement de canal contracté
correspondence ~	对应流动	écoulement de correspondance
diffusion ~	扩散流动	écoulement de diffusion
discontinuous ~	断裂流动;不连续流动	écoulement discontinu
dissipative ~	耗损流动	écoulement de dissipation
divergent ~	扩散流动	écoulement divergent
elementary compressive ~	简单压缩流动	écoulement en compression élémentaire
exponential ~	指数律流动	écoulement exponentiel
fictitious ~	假想流动	écoulement fictif
flat-plate ~	平板绕流	écoulement de plaque plane
forced circulation ~	强迫环流	écoulement de circulation forcée

free vortex ~	自由涡流	écoulement de tourbillon libre
inviscid ~	非黏性流动	écoulement exempt de viscosité
laminar ~	层流	écoulement laminaire
non-steady ~	非定常流	écoulement non stationnaire
non-viscous ~	非黏性流动	écoulement de non visqueux
one-dimensional ~	一维流动;一元流动	écoulement unidimensionnel
parallel ~	平行流动	écoulement parallèle
potential ~	有势流动	écoulement à potentiel
relative ~	相对流动	écoulement relatif
secondary cross ~	二次横向流动	écoulement de transversal secondaire
spiral cross ~	螺旋形横向流动	écoulement de transversal en spirale
stationary ~	定常流动	écoulement stationnaire
steady ~	定常流动	écoulement constant
subsonic ~	亚音速流	écoulement subsonique
three-dimensional ~	三维流动;空间流动	écoulement en trois dimensions
turbulent ~	湍流;紊流	écoulement turbulent
two-dimensional ~	二维流动;二元流动	écoulement bidimensionnel
uniform ~	均匀流动	écoulement uniforme
viscous ~	黏性流;层流	écoulement laminaire
vortex ~	旋涡流	écoulement tourbillonnaire
flowmeter	流量计	**débitmètre**
differential pressure type ~	压差流量计	débitmètre à pression différentielle
disc type volumetric ~	圆盘式容积流量计	débitmètre de type disque volumétrique
electromagnetic ~	电磁流量计	débitmètre électromagnétique
float type ~	浮子式流量计	débitmètre à flotteur
laser ~	激光流量计	débitmètre de laser
orifice type ~	孔板式流量计	débitmètre à orifice

oval gear ~	椭圆齿轮流量计	débitmètre à pignon ovale
rotary ~	转子式流量计	débitmètre tournant
rotary piston type ~	回转活塞流量计	débitmètre à piston rotatif
rotary vane-type ~	回转叶片式流量计	débitmètre à ailettes tournantes
turbine ~	涡轮流量计	débitmètre à turbine/rotamètre
ultrasonic ~	超声波流量计	débitmètre à ultrasons
flowrate	流量;流率	**débit**
~ of volume	体积流量	débit volumique
fluid	流体	**fluide**
ethyl ~	乙基液	fluide d'éthyle
incompressible ~	不可压(缩)流体	fluide incompressible
viscous ~	黏性流体	fluide visqueux
flushing	冲洗	**rinçage**
flutter	颤振;颤动;脉动干扰	**flottement**
flux	通量;焊剂;熔化	**flux**
~ of momentum	动量通量	flux de quantité de mouvement
magnetic ~	磁通;磁通量	flux magnétique
flywheel	飞轮	**volant d'inertie**
follower	填料压紧环;随动机构	**suiveur**
packing ~	填料压紧环	suiveur de serrage
force	力	**force**
~ of inertia	惯性力	force d'inertie
axial ~	轴向力	force axiale
body ~	体积力;彻体力	force corporelle
centrifugal ~	离心力	force centrifuge
centripetal ~	向心力	force centripète
circumferential ~	切向力	force circumferential
eccentric ~	偏心力	force excentrique
exciting ~	激发力	force de stimulation

frictional ~	摩擦力	force de friction
gravitational ~	重力	force de gravitation
impact ~	冲击力;撞击力	force d'impact
impulsive ~	冲(击)力	force impulsive
inertia ~	惯性力	force d'inertie
internal ~	内力	force interne
lift ~	升力	force de portance
mass ~	质量力	force de masse
normal ~	法向力	force normale
radial ~	径向力	force radiale
reacting ~	反力	force de réaction
reactive ~	反力	contre réactive
resistance ~	阻力	force résistante
resultant ~	合力	force résultante
shearing ~	剪力;切力	force de cisaillement
tangential ~	切向力	force tangentielle
tensile ~	拉力;张力	force de traction
triangle ~	力三角形	triangle de force
forebay	前池	**amont**
fork	叉;分岔	**fourche**
nipping ~	卡箍;环箍	cerceau
form	式样;形状;造型;形成	**forme**
streamline ~	流线形(型)	forme aérodynamique
wave ~	波形	forme de vague
formaldehyde	甲醛;蚁醛	**formaldéhyde**
former	样板	**modèle**
formula	公式	**formule**
asymptotic ~	渐近公式	formule asymptotique
empirical ~	经验公式	formule empirique

foundation	基础;建设;根据	**fondation**
frame	架;[美]轴承衬套;[美]泵支架	**cadre**
adapter ~	连接架	adaptateur
girder ~	支架	support
pump ~	泵座	support de pompe
frequency	频率	**fréquence**
friction	摩擦;摩擦力	**friction**
air ~	空气摩擦	friction de l'air
disc ~	圆盘摩擦	friction de disque
fluid ~	流体摩擦	friction de fluide
rolling ~	滚动摩擦	friction de roulement
sliding ~	滑动摩擦	friction coulissante
static ~	静摩擦	friction statique
fuel	燃料	**combustibles**
diesel ~	柴油	combustibles de diesel
function	函数	**fonction**
analytic ~	解析函数	fonction analytique
complex ~	复变函数	fonction complexe
derived ~	导出函数	fonction de dérivation
eigen ~	固有函数	fonction propre
harmonic ~	调和函数;谐(波)函数	fonction harmonique
potential ~	势函数;位函数	fonction potentielle
real variable ~	实变函数	fonction à variable réelle
stream ~	流函数	fonction du flux
funnel	漏斗	**entonnoir(entonnement)**
priming ~	注水漏斗	entonnoir d'amorçage
furfural	糠醛;呋喃醛	**furfural**
furfuraldehyde	糠醛;呋喃醛	**furfurol**
fusion	熔化;合成;聚变	**fusion**

G gallon	加仑	**gallon**
galvanization	镀锌;电镀	**galvanisation**
galvanometer	检流计;电流计	**galvanomètre**
gap	间隙;间隔	**écart/jeu**
air ~	气隙	jeu de passage d'air
gas	气体;煤气	**gaz**
ideal ~	理想气体	gaz idéal
perfect ~	理想气体	gaz parfait
gasket	密封垫;填料;垫片	**joint**
sealing ~	密封垫片	joint d'étanchéité
gasolene	汽油	**essence**
gasoline	汽油	**essence de pétrole**
gate	闸门	**porte**
sluice ~	水闸	porte d'écluses
wicket ~	旋闸	écluse rotative
gauge	规;计;表;样板	**détecteur/jauge/manomètre**
bar ~	棒量规	détecteur de pression
bellows differential ~	波纹管差压计	détecteur de pression différentielle
bellows type pressure ~	膜盒压力计;波纹管压力计	manomètre tube en U
combined pressure ~	复合压力计	manomètre de pression combinée
compound pressure ~	复合压力计	manomètre de pression composite
diaphragm ~	膜盒压力计	manomètre de diaphragme
differential pressure ~	差压计	manomètre de pression différentielle
duplex ~	复式压力表	double manomètre
duplex pressure ~	复式压力表	indicateur de pression duplex
feeler ~	塞尺;间隙测量器	palpeur de manomètre

hydrostatic ~	水静压力计	manomètre de pression hydrostatique
inside ~	内径规	manomètre interne
liquid level ~	液位计	détecteur de niveau de liquide
oil ~	油位计	détecteur de niveau d'huile
oil sight ~	油位计	manomètre à voyant d'huile
plug ~	棒量规	capteur à flotteur
pressure ~	压力计	détecteur de niveau de pression
sight oil ~	［美］油位计	voyant d'huile
standard ~	标准计	manomètre standard
standard pressure ~	标准压力表	capteur de pression standard
strain ~	应变仪	capteur de contrainte
taper ~	锥度量规	capteur de contrôle
vacuum ~	真空表	détecteur de vide
water level ~	液面计	détecteur de niveau d'eau
gauze	网	**gaze**
gear	齿轮	**engrenage**
bevel ~	锥齿轮;伞齿轮	engrenage conique
cycloidal ~	摆线齿轮	engrenage cycloïdal
differential ~	差动齿轮装置	engrenage différentiel
planetary ~	行星齿轮	engrenage planétaire
reduction ~	减速装置	engrenage de réduction
spur ~	圆柱正齿轮	engrenage cylindrique
synchronizer ~	同步齿轮;同步机构	engrenage de synchronisateur
gearbox	齿轮箱;变速箱	**boîte d'engrenages**
generator	发生器;发电机;传感器;编制程序;母线	**générateur**
pulse ~	脉冲发生器	générateur d'impulsion
generatrix	母线	**génératrice**
gland	盖;填料压盖	**presse-étoupe**

quenching ~	水冷填料压盖	presse-étoupe à eau
screwed ~	螺纹式填料压盖	presse-étoupe vissé
stuffing box ~	填料压盖	presse-étoupe
water-quenched ~	水冷填料压盖	presse-étoupe hydraulique
glass	玻璃;镜	**verre**
oil level sight ~	油位窗	verre de niveau d'huile
organic ~	有机玻璃	verre organique
glycerin	甘油;丙三醇	**glycérine**
glycerol	甘油;丙三醇	**glycérol**
governor	调节器;调速器;控制器	**contrôleur**
pressure ~	调压器	contrôleur de pression
grade	等级	**grade**
gradient	梯度;坡度	**gradient**
pressure ~	压力梯度	gradient de pression
temperature ~	温度梯度	gradient de température
graphite	石墨	**graphite**
gravity	重力;引力	**gravité**
specific ~	比重	poids spécifique
grease	润滑脂;油脂;黄油	**graisse**
consistent ~	黄油;润滑脂	graisse lubrifiante
graphite ~	石墨润滑脂	graisse au graphite
grid	栅格;(网)格坐标	**maille/grille**
diffuser ~	整流栅;扩散器;叶栅	grille décélératrice
stabilizing ~	稳流栅	grille stabilisatrice
valve ~	阀挡	grille de vannage
grille	格栅;网格;格	**grille**
grommet	垫圈;衬垫	**rondelle**
cable ~	电缆保护胶圈	rondelle de câble
groove	槽	**rainure**

group	组;群;类	groupe(ensemble)
integral pump ~	泵组	groupe de pompe monobloc
nozzle ~	喷嘴组	groupe d'ajutage
guard	防护;防护装置;限程器;挡板	garde
crankshaft ~	曲轴防护罩	garde de vilebrequin
delivery valve ~	吐出阀限位器	garde de vanne de dégorgement
suction valve ~	吸入阀限位器	garde de vanne d'aspiration
valve ~	阀箱;阀限位器	garde de vanne
guide	导向器;导轨;导杆;指南;手册	guide
~ for flexible tube	软管导轨	guide de tube flexible
roller ~	滚轮导轨	guide de rouleau
valve ~	阀导向器	guide de vanne
gun	枪;炮;注油枪;喷枪	arme
grease ~	润滑脂枪;滑油枪	graisse pour armes
gunpower	火药	poudre
H hammer	锤子;锤击	marteau
water ~	水击;水锤	coup de bélier
handle	手柄;处理;控制;操作	poignée
hardening	硬化	durcissement
heat ~	淬火	durcissement thermique
hardness	硬度	dureté
Brinell ~	布氏硬度	dureté Brinell
Hastelloy	哈斯特镍合金(耐盐酸镍基合金)	Hastelloy
head	水头;扬程;头;压头;盖;标题	hauteur
~ at zero capacity	关死扬程	hauteur d'aspiration à débit nul

~ of water	水头	hauteur de chute
available net positive suction ~	有效汽蚀余量	hauteur d'aspiration disponible
beam ~	摇臂头	hauteur de faisceau
cross ~	十字头	hauteur de croix
delivery ~	吐出扬程;排出扬程	hauteur délivrée
discharge ~	吐出扬程;排出扬程;吐出盖;排出盖	hauteur de sortie
discharge hydrostatic ~	出口静扬程;出口静压力	hauteur de sortie hydrostatique
driving ~	驱动扬程	hauteur conduite
effective ~	有效水头;有效扬程;净扬程	hauteur effective
friction ~	摩擦损失水头	hauteur de friction
geometrical ~	几何扬程	hauteur géométrique
high ~	高扬程	hauteur importante
hydrostatic ~	静水头	hauteur hydrostatique
intake ~	进水水头	hauteur d'admission d'eau
input ~	输入扬程	hauteur d'entrée
low ~	低扬程	hauteur faible
negative ~	负水头	hauteur négative
net ~	有效扬程;有效水头;净扬程	hauteur nette
net positive suction ~	汽蚀余量	hauteur d'aspiration positive nette
outlet ~	出口扬程	hauteur de sortie
piston ~	活塞头	hauteur du piston
plunger ~	柱塞头	hauteur du plongeur
position ~	位置水头;几何水头	hauteur de position
positive suction ~	灌注头	hauteur d'aspiration positive
potential ~	势扬程	hauteur potentielle
pressure ~	压力水头	hauteur de pression
required net positive suction ~	必需汽蚀余量	hauteur d'aspiration positive nette requise

shut-off ~	关死扬程	hauteur à débit nul
specific ~	比扬程	hauteur spécifique
static ~	静扬程;势扬程	hauteur statique
suction ~	吸入水头;吸程;吸上高度	hauteur d'aspiration
theoretical ~	理论扬程	hauteur théorique
total ~	总扬程;总水头;全扬程	hauteur totale
total integrated ~	平均总扬程	hauteur totale moyenne
velocity ~	速度头;速压头	hauteur dynamique
water ~	水头	hauteur d'eau
header	页眉;头部	**tête/header**
bottom ~	填料垫环	tête de garniture
headstock	轴承架;泵托架	**poupée fixe**
heat	热;热量	**chaleur**
latent ~ of vaporization	汽化潜热	chaleur latente de vaporisation
specific ~	比热	chaleur spécifique
heating	加热	**chauffage**
height	高度	**hauteur**
absolute ~	绝对高度	hauteur absolue
geoidal ~	绝对高度;大地水准面高	hauteur du géoïde
geometry ~	几何高度	hauteur géométrique
suction vacuum ~	吸上真空高度	hauteur d'aspiration à vide
vertical ~	垂直高度	hauteur verticale
helix	螺(旋)线	**hélice**
Hertz	赫兹(频率单位,每秒周数)	**Hertz**
holder	支架;座;柄	**support**
pipe ~	管承	support de tuyau
hole	孔;洞	**trou**
balance ~	平衡孔;卸荷孔	trou d'équilibrage

balanced ~	卸荷孔;平衡孔	trou d'équilibrage
balancing ~	平衡孔;卸荷孔	trou pour équilibrage
blow ~	气孔;砂眼	trou d'équilibrage
drain ~	排水孔	trou d'évacuation des eaux
oil ~	注油孔	injecteur d'huile
vent ~	气眼;通气孔	trou de ventilation
homogeneity	均质性;均匀性;齐次性	**homogénéité**
honeycomb	蜂窝式整流器;蜂窝结构	**structure alvéolaire en nid d'abeille**
hook	吊钩	**crochet**
hopper	漏斗;计量器	**trémie**
horsepower	马力;功率	**cheval vapeur/puissance**
brake ~	轴功率;制动功率;制动马力	frein
effective ~	有效马力;有效功率	puissance effective
nominal ~	额定马力	puissance nominale
rated ~	额定功率;额定马力	puissance spécifique
shaft ~	轴马力;轴功率	puissance sur l'arbre
water ~	水马力;水功率	puissance hydraulique
hose	蛇管;软管	**tuyau flexible**
oil ~	给油软管	tuyau flexible d'huile
house	室;房屋;车间;场所	**salle/station**
pump ~	泵房	station de pompage
housing	外壳;套;罩	**boîtier**
bearing ~	轴承箱;轴承体	boîtier de palier
bearing bracket ~	轴承托架箱	boîtier du support de palier
cooler ~	冷却箱	boîtier de refroidisseur
gear ~	齿轮箱;变速箱	boîtier d'engrenage
hub	轮毂;毂;衬套	**moyeu**
impeller ~	叶轮轮毂	moyeu de roue

torque metering ~	扭矩管(测扭矩用)	mesure de couple sur l'arbre
humidity	湿度	**humidité**
hydraulics	水力学	**hydraulique**
hydrodynamics	流体动力学	**hydrodynamique**
hydrometer	比重计	**hydromètre**
hydro-motor	液压马达	**moteur hydromécanique**
hydrostatics	水静力学;流体静力学	**hydrostatique**
hydroxide	氢氧化物	**hydroxyde**
potassium ~	氢氧化钾	hydrate de potassium
sodium ~	氢氧化钠;苛性钠;烧碱	hydroxyde de sodium
hygrometer	湿度表	**hygromètre**
hyperbola	双曲线	**hyperbole**
hypocycloid	内摆线	**hypocycloïde**
hysteresis	滞后作用	**hystérésis**
I **I-beam**	工字钢;工字梁	**I-acier/poutre en I**
idling	空转	**patinage**
immersion	浸没;潜水;淹没	**immersion**
impact	撞击;冲击	**impact**
hydrodynamic ~	流体动力冲击	impact hydrodynamique
impeller	叶轮;工作轮	**roue**
axial flow ~	轴流式叶轮	roue à écoulement axial
blanked-off ~	盲叶轮	roue fermée
blind ~	盲叶轮	roue aveugle
booster ~	增压叶轮	roue de surpresseur
channel (type) ~	无堵塞式叶轮	roue à canaux
closed ~	闭式叶轮	roue fermée
double channel ~	双流道叶轮	roue double
double entry ~	双吸叶轮	roue à double entrée

double inlet ~	双吸叶轮	roue à double aspiration
double suction ~	双吸叶轮	roue à double aspiration
mixed flow ~	混流叶轮;混流式工作轮	roue mixte
non-clogging（type）~	无堵塞式叶轮	roue borgne
one-piece ~	整体式工作轮	roue d'une seule pièce
open ~	开式叶轮	roue ouverte
peripheral ~	旋涡式叶轮	roue périphérique
radial ~	径流式叶轮	roue radiale
radial flow ~	径流式叶轮	roue à flux radiale
semi-open ~	半开式叶轮	roue semi-ouverte
shrouded ~	闭式叶轮	roue fermée
shrouded mixed flow ~	闭式混流叶轮	roue fermée mixte
side channel ~	侧流道叶轮	roue à canaux latéraux
single blade ~	单流道叶轮	roue simple
single channel ~	单流道叶轮	roue de canal simple
three blade ~	三流道叶轮	roue à 3 aubes
three channel ~	三流道叶轮	roue à 3 canaux
two blade ~	双流道叶轮	roue à 2 aubes
two channel ~	双流道叶轮	roue à 2 canaux
vane wheel ~	侧流道叶轮	roue à aube par côté
variable pitch ~	可变节距叶轮;可调叶片式叶轮	roue à pas variable
improvement	改善	**amélioration**
impulse	冲量;脉冲;脉动	**impulsion**
incidence	入射;入射角	**incidence**
inclination	倾度;倾角;倾斜	**inclinaison**
incline	倾斜;倾向于	**pente/inclinaison**
inclinometer	测斜仪	**inclinomètre**
incompressibility	不可压缩性	**incompressibilité**

Inconel	因科镍合金（铬镍铁耐热耐蚀合金）	Inconel
increaser	扩散管；粗细管道的连接段	accélérateur/convergent
increment	增加	augmentation
index	索引；指标；指数；系数；指针	indice
performance ~	性能指标	indice de performance
viscosity ~	黏度指数	indice de viscosité
indicator	指示器（剂）	indicateur
adjustment ~	调节指示器	indicateur de régulation
axial wear ~	轴向磨损指示器	indicateur d'usure axiale
flow ~	流量指示器	indicateur de débit
liquid level ~	液面指示器	indicateur de niveau de liquide
oil level ~	油位指示器	indicateur de niveau d'huile
position ~	位置指示器	indicateur de position
shaft position ~	轴位指示器	indicateur de position de l'arbre
temperature ~	温度指示器	indicateur de température
vacuum ~	真空表	déprimogène
volume ~	音量指示器；声量指示器；声量计；容积指示器	indicateur de volume
inertia	惯性；惯量	inertie
inflation	打气；膨胀	gonflage
air ~	充气	gonflage par air
inflator	增压泵；压送泵；气筒	gaveuse
inflow	流入；汇集	flux amont
influence	影响；效应	influence
influx	流入；汇集；流入量	afflux
information	信息；资料；情报	information
ingress	进口；入口	entrée

inhibitor	防腐剂;抑制剂	agent conservateur
corrosion ~	防腐剂	préservateur
injection	注入;注射;喷射	injection
air ~	空气引射	injection d'air
injector	喷射器;喷嘴	injecteur
inlet	进口	entrée
input	输入功率;输入;输入信号	signal d'entrée
insert	嵌入;插入;嵌入物;衬套;衬垫	insert
bearing ~	轴承衬套	insert de roulement
diffuser ~	导流体	directrice
packing box ~	填料箱衬套	bague de presse-étoupe
pump body ~	泵体衬套	bague du corps de pompe
pump casing ~	泵体衬套	bague du carter de pompe
stuffing box ~	填料箱衬套	bague de boîte à garniture
swirl ~	旋流塞	bague de turbulence
whirling ~	旋流塞	générateur de vortex
inspection	检查;检验	inspection
quality ~	质量检验	inspection de qualité
sampling ~	抽检	prélèvement d'échantillons
instability	不稳定(性)	instabilité
install	安装	installer
installation	安装;装置	installation
instant	瞬时	instant
instruction	说明书;说明;指南;指令	notice de fonctionnement
operating-maintenance ~	运行维护说明书	notice de fonctionnement et d'entretien
instrument	工具;器具;仪器	instrument
direct-reading ~	直读式测量仪表	instrument de lecture directe

levelling ~	水准仪;水平仪	appareil de nivellement
multirange ~	多量程仪表	analyseurs à plages multiples
precision ~	精密仪器	instruments de précision
remote indicating ~	远距离指示仪	indicateur à distance
insulation	绝缘;隔离	**isolation**
intake	入口	**entrée**
integral	积分;整体的	**intégral**
integration	积分;结合	**intégration**
numerical ~	数值积分	intégration numérique
intensity	强度	**intensité/niveau**
~ of cavitation	汽蚀强度	niveau de cavitation
cavitation ~	汽蚀强度	intensité de cavitation
pressure ~	压强	niveau de pression
sound ~	声强	niveau sonore
interchangeability	互换性	**interchangeabilité**
intercooler	中间冷却器(剂)	**refroidisseur intermédiaire**
interlocking	联锁装置	**interverrouillage**
intersection	交点;交叉	**point d'intersection**
involute	渐伸线;渐开线	**développante**
iron	铁	**fonte**
alloy ~	合金铁	alliage de fer
alloy cast ~	合金铸铁	alliage de fonte
alloy pig ~	合金生铁	fonte brute d'alliage
black heart malleable cast ~	黑心可锻铸铁	fonte malléable à cœur noir
cast ~	铸铁	fonte brute
chilled cast ~	金属型铸铁	fonte trempée en coquille
galvanized sheet ~	镀锌薄铁板	fonte de feuillard galvanisé
gray cast ~	灰口铁;灰铸铁	fonte à graphite lamellaire
gray pig ~	灰口生铁	fonte graphitique

high silicon cast ~	高硅铸铁	fonte à haut silicium
high strength cast ~	高强度铸铁	fonte à haute résistance
low phosphorous pig ~	低磷生铁	fonte à bas phosphore
malleable cast ~	可锻铸铁	fonte malléable
mottled pig ~	麻口铁	fonte truitée
nodular cast ~	球墨铸铁	fonte sphéroïdale
rustless ~	不锈铁;铁铬耐蚀合金	fonte inoxydable
scrap ~	废铁	fonte de rebut
special pig ~	特殊生铁	fonte brute spéciale
spheroidal graphite cast ~	球墨铸铁	fonte à graphite sphéroïdale
stainess ~	不锈铁;铁铬耐蚀合金	fonte inoxydable
waste ~	废铁	ferraille
white heart malleable cast ~	白心可锻铸铁	fonte malléable à cœur blanc
white pig ~	白生铁;白口铁	fonte blanche
irregularity	不规则性;奇异性	**irrégularité**
irreversibility	不可逆性	**irréversibilité**
irrigation	灌溉	**irrigation**
spray ~	喷灌	arrosage par aspersion
irrotationality	无旋(性)	**irrotationnalité**
isobar	等压线	**isobare**
isogam	等值线;等重力线	**identité de gamme de valeurs**
isohypse	等高线;水平线	**courbe de niveau**
isopleth	等值线	**isobare**
isotropy	异向同性;各向同性	**isotropie**
I-steel	工字钢	**profilé en I**
item	项目;条目;条款	**série**
test ~	试验项目	série d'expériences
iteration	迭代法;重复	**itération**

J	**jack**	千斤顶;起重器	**cric**
	screw ~	起重千斤顶;螺旋千斤顶	cric de levage
	jacket	套;罩;外壳	**gaine**
	cooling ~	冷却套	gaine de refroidissement
	jackscrew	起重千斤顶	**vérin**
	jig	夹具;装配架;钻模;筛	**gabarit**
	joint	连接;焊接;接头	**joint**
	air-tight ~	气密连接	joint étanche à l'air
	elbow ~	弯头接合;肘接	joint de coude
	pipe ~	管接头	joint de conduit
	universal ~	万向接头	joint universel
	journal	轴颈;期刊	**tourillon**
	axle ~	轴颈	tourillon à collet
	neck ~	轴颈	fusée
K	**kathode**	阴极	**cathode**
	kerosene	煤油	**kérosène**
	key	键;索引	**clé**
	tangent ~	切向键	tangente
	woodruff ~	半圆键;半月键	demi-clavette
	keyway	键槽	**rainure de clavette**
	kilowatt	千瓦	**kilowatt**
	kind	种;类;型式	**type**
	kinematics	运动学	**cinématique**
	kinemometer	灵敏转速表;流速计(表)	**cinémomètre**
	kinetics	动力学	**cinétique**
	knob	按钮;旋钮	**bouton**
	knock	敲击	**frapper/cogner**

kymograph	转筒记录器	**kymographe**
L laboratory	实验室	**laboratoire**
lag	延迟;滞后;时滞	**retard**
time ~	延迟	décalage
lamination	迭片;压层	**lamination**
rotor ~	转子铁芯	tôle de rotor
stator ~	定子铁芯	tôle de stator
lamp	灯;灯泡	**lampe**
daylight ~	日光灯	lampe de jour
indicating ~	指示灯;信号灯	lampe signal
polot ~	指示灯;信号灯	feux de signalisation
lantern	灯笼;提灯	**lanterne**
bearing bracket ~	笼形轴承托架	support de palier en cage
bearing housing ~	笼形轴承托架	boîtier du palier en cage
intermediate ~	笼形中间托架	palier intermédiaire en cage
pump bearing ~	泵轴承支架	support de pompe
lattice	栅格	**grille**
blade ~	叶栅	grille d'aubes
law	定律;法则	**loi**
~ of conservation of energy	能量守恒定律	loi de conservation d'énergie
~ of conservation of momentum	动量守恒定律	loi de la conservation du mouvement
~ of similarity	相似定律	loi de similarité
~ of similitude	相似定律	loi analogue
affinity ~	相似定律	loi affine
Biot-Savart's ~	比奥-萨伐尔定律	loi de Biot-Savart
Dalton's ~	道尔登定律	loi de Dalton
Joukowsky's ~	茹柯夫斯基定律	loi de Joukowsky

similarity ~	相似定律	loi de similarité
Stokes' ~	斯托克斯定律	loi de Stokes
layer	层	**couche**
boundary ~	边界层;附面层	couche limite
circulation ~	环流层	couche de circulation
turbulent boundary ~	湍流边界层	couche limite turbulente
layout	设计;配置;规划	**disposition**
general ~	总平面图;总配置图	disposition générale
lead	铅;引导;导程	**plomb**
antimonial ~	硬铅	plomb antimonieux
black ~	石墨;黑铅	plomb noir
hard ~	硬铅	plomb dur
red ~	铅丹;红铅	plomb rouge
tetraethyl ~	四乙基铅	plomb tétraéthyle
leading	超前;引导	**conduire**
leakage	泄漏;泄漏量	**fuite**
air ~	漏气	fuite d'air
internal ~	内部泄漏	fuite interne
stuffing box ~	填料函泄漏	fuite de presse-étoupe
vapor ~	漏汽	fuite de vapeur
leak-stoppage	封漏	**arrêt de fuites**
length	长度	**longeur**
lens	透镜	**lentille**
level	水平;水平面;水准仪;水平仪	**niveau**
datum ~	基准面	niveau de référence
discharge ~	吐出水面;排出水面	niveau de décharge
fixed water ~	定水位;稳定水位	niveau d'eau fixé
ground-water ~	地下水位	niveau de nappes phréatiques
high-water ~	高水位	niveau élevé des eaux

liquid ~	液面;液位	niveau de liquide
low-water ~	低水位	niveau bas des eaux
noise ~	噪声级	niveau de bruit
oil ~	油位	niveau d'huile
plumb ~	水准仪;水平仪	niveau à lunette
suction ~	吸入水面	niveau d'aspiration
variable water ~	动水位	niveau d'eau variable
water ~	水位	niveau d'eau
leveler	水准器;水准仪	**appareil de mise à niveau**
lever	杆;杠杆	**levier**
adjusting ~	调节臂杆	levier de réglage
control ~	控制杆;操纵杆	levier de contrôle
rocker ~	摇臂	levier de bascule
side ~	侧杆	levier latéral
yoke ~	叉杆;轭杆	levier de d'appui
lid	盖;罩	**couvercle**
oil well ~	油孔盖	couvercle de puit pétrolifère
life	寿命;使用期限	**durée de vie**
service ~	使用期限;使用寿命	durée de service
working ~	使用期限;工作期限	durée d'emploi
lift	升力	**levage/portance**
geometric ~	几何扬程	hauteur géométrique
high ~	高扬程	portance importante
static ~	静压高度;静升力	hauteur statique
suction ~	吸入高度;吸上高度;吸程	hauteur d'aspiration
limit	极限	**limite**
confidence ~	置信界限;可靠界限	limite de confiance
elastic ~	弹性极限	limite d'élasticité
endurance ~	疲劳极限;持久极限	limite d'endurance

limitation	限制;极限	limitation
line	线;线路;管路	**ligne**
~ of flow	流线	ligne de flux
base ~	基线;零位线	ligne de référence
broke ~	虚线;折线	ligne pointillée
centre ~	中心线	ligne centrale
constant-pressure ~	等压线	ligne isobare
contour ~	等高线;等值线;轮廓线	contour
dash(ed) ~	虚线;阴影线;短划线	ligne en pointillé
datum ~	基准线	ligne de référence
diagonal ~	对角线	ligne diagonale
discharge ~	吐出管线	ligne de décharge
dotted ~	虚线;点线	ligne discontinue
equipotential ~	等势线;等位线	ligne équipotentielle
flow ~	流线	ligne de courant
full ~	实线	ligne continue
generating ~	母线	ligne génératrice
isobaric ~	等压线	ligne isobare
isochromatic ~	等色线	ligne isochromatique
isoclinal ~	等(磁)倾线	ligne isocline
main ~	干线	ligne principale
normal ~	法线	ligne normale
path ~	轨迹;路线	trace
pipe ~	管路;管线	tuyau
polygonal ~	折线	ligne polygonale
straight ~	直线	ligne droite
stream ~	流线	ligne de courant
suction ~	吸入管线;吸上管线	ligne d'aspiration
vortex ~	涡线	ligne de tourbillon

zero ~	零位线;基线	ligne de base
liner	衬层;衬里;衬套	**garniture**
bearing ~	轴承瓦;轴承衬垫;轴承衬套	garniture de roulement
piston valve ~	配汽活塞阀缸套	garniture de soupape à piston
pump barrel ~	泵缸套	garniture de canon de pompe
pump cylinder ~	泵缸套	garniture de cylindre de pompe
lining	衬;衬里;衬套	**doublure**
link	连杆;连接;环节;键合	**lien/tube**
forked ~	叉形连杆	tube de bifurcation
liquid	液体;液态	**liquide**
actual ~	实际液体	liquide réel
idealized ~	理想液体	liquide idéal
perfect ~	理想液体	liquide parfait
liquor	液体;流体;(水)溶液	**liqueur**
ammonia ~	氨水	ammoniaque
soap ~	肥皂水	mousse de savon
liquor-pulp	浆液	**sérosité**
list	一览表;目录	**liste**
packing ~	装箱单	liste d'emballage
load	负载;负荷;输入	**charge**
actual ~	实际负载;有效负荷	charge utile
allowable ~	容许负载;容许负荷	charge admissible
concentrated ~	集中负载	charge concentrée
critical ~	临界负载	charge critique
dynamic ~	动载荷	charge dynamique
full ~	全负荷;满负荷	charge complète
nominal ~	额定负荷	charge nominale
rated ~	额定负荷	charge prévue
safe ~	安全负荷;容许负荷	charge en sécurité

safety ~	安全负荷;容许负荷	charge de sécurité
total ~	总负荷	charge totale
loading	加载;载荷	**chargement**
lobe	凸角;瓣	**lobe**
rotary piston ~	旋转活塞凸角	lobe de piston rotatif
localization	定位;局部化	**localisation**
locating	定位	**positionnement**
location	定位;位置;部位;存储单元	**position**
lock	锁紧;闸;同步	**bouchon**
vapour ~	汽封;汽阻	bouchon de vapeur
locking	锁闭;联锁;同步	**verrouillage**
vapour ~	汽封;汽阻	verrouillage de vapeur
locknut	锁紧螺母	**écrou de blocage**
lockwasher	锁紧垫片;防松垫圈	**rondelle de frein**
locus	轨迹;场所	**locus**
logarithm	对数	**logarithme**
loop	回路;圈;环	**boucle**
closed ~	闭式回路	boucle fermé
cold test ~	冷态试验回路	boucle d'essai à froid
expansion ~	膨胀圈	boucles d'expansion
hot test ~	热态试验回路	boucle d'essai à chaud
test ~	试验回路	boucle d'essai
loss	损失;损耗	**perte**
~ of friction	摩擦损失	perte par friction
~ of head	水头损耗	perte de débit
blade ~	叶片损耗	perte de profil
churning ~es	旋涡损耗	perte de turbulence
diffuser ~	导流器损耗	perte de diffuseur
disc-friction ~	圆盘摩擦损失	perte par friction de disque

eddy ~es	涡流损失	perte de tourbillon
eddy current ~	涡流损失	perte de vortex
elbow ~	肘管损失	perte de coude
friction ~	摩擦损失	perte par frottement
frictional ~ of disc	圆盘摩擦损失	perte par frottement de disque
head ~	扬程损失	perte de hauteur
hydraulic ~	水力损失	perte hydraulique
internal ~	内部损失	perte interne
internal leakage ~	内部泄漏损失	perte de fuite interne
leakage ~	泄漏损失	perte de fuite externe
mechanical ~	机械损失	perte mécanique
nozzle ~	喷嘴损失	perte d'ajutage
partial ~	局部损失	perte partielle
pressure ~	压力损失	perte de pression
recirculation ~	环流损失	perte de recirculation
shock ~	冲击损失	perte par choc
skin-friction ~	表面摩擦损失	perte de frottement superficiel
total ~	总损失	perte totale
volume ~	容积损失	perte de volume
lot	批	**lot**
lubricant	润滑剂;润滑材料	**lubrifiant**
consistent ~	润滑脂	lubrifiant plastique
lubrication	润滑	**lubrification**
blacklead ~	石墨润滑	lubrification de graphite
capillary ~	毛细管润滑	lubrification capillaire
circulating ~	循环润滑	lubrification de circulation
drip ~	滴油润滑	lubrification par goutte
film ~	油膜润滑;薄膜润滑	lubrification pelliculaire
fluid ~	液体润滑	lubrification de fluide

forced ~	强制润滑	lubrification forcée
graphite ~	石墨润滑	lubrification graphitique
grease ~	滑脂润滑	lubrification par graissage
liquid ~	液体润滑	lubrification liquide
pressure feed ~	强制润滑	lubrification par pression
ring ~	油环润滑	lubrification par anneau liquide
solid ~	固体润滑	lubrification solide
water ~	水润滑	lubrification par eau
lubricator	注油器;润滑器	**lubrificateur**
M **machine**	机器;机械加工	**machine-système**
balancing ~	平衡机	machine d'équilibrage
calculating ~	计算机	calculatrice
computing ~	计算机	ordinateur
data processing ~	数据处理(计算)机	système de traitement des données
digital ~	数字计算机	système numérique
dynamic balancing ~	动平衡机	système d'équilibrage dynamique
pumping ~	泵装置	système de pompage
machinery	机械;机器;设备	**appareil**
auxiliary ~	辅机	appareil auxiliaire
fluid ~	流体机械	appareil fluidique
macro-turbulence	宏观湍流(度)	**macro-turbulence**
magneto-coupling	电磁联轴器	**couplage magnétique**
main	干线;总管	**conduite**
hydraulic ~	总水管;干管	conduite hydraulique
rising ~	扬水管	conduite montante
service ~	总给水管	conduite de service
water ~	总给水管	conduite d'eaux

maintenance	维护	**entretien/maintenance**
maker	制造厂;厂家;制造者;接合器;接通器	**fabricant**
maldistribution	非均匀分布	**distribution non équitable**
manhole	人孔;工作口	**bouche d'égout**
manifold	母管;主管;歧管;汇流管	**collecteur**
delivery ~	吐出集流管;排出集流管	collecteur de sortie
delivery side ~	吐出集流管;排出集流管	collecteur de sortie décalée
suction ~	吸入集流管	collecteur d'aspiration
suction side ~	吸入集流管	collecteur d'aspiration décalée
manometer	压力计(表)	**manomètre**
differential ~	差压计	manomètre différentiel
mercury ~	水银压力计	manomètre de mercure
mercury differential ~	水银差压计	manomètre de mercure différentiel
vacuum ~	真空压力表	manomètre à vide
mantle	外壳;罩盖;覆盖物	**manchon**
outer pump ~	泵罩	manchon extérieur de pompe
manual	手册;指南;细则;手操作的	**manuel**
operating ~	操作说明书	manuel d'opération
manufacture	制造	**fabrication**
manufacturer	制造者;厂家	**fabricant**
mapping	映射;绘制;变换	**mise en correspondance**
conformal ~	保角变换	transformée conforme
margin	边缘;余量;限度;边;储备(量)	**marge**
~ of safety	安全余量	marge de sécurité
mark	记号;标记;标明	**repère**
finish ~	加工符号	repère final

scale ~	刻度线	repère d'échelles
martensite	马氏体	**martensite**
mass	质量;块;团	**masse**
match	配合;配比	**correspondance**
material	材料;物质;物资	**matériau**
insulation ~	绝缘材料	matériau isolant
synthetic insulating ~	合成绝缘材料	matériau isolant synthétique
matrice	矩阵	**matrice**
matrix	矩阵	**matrice**
matter	物质;材料;物料	**matière**
suspended ~	悬浮物	matière en suspension
maximum	极大(值)	**maximum**
mean	平均;平均值;中项;意义	**moyen**
means	方式;方法;手段;工具	**moyens**
measurement	测量;测定	**mesure**
~ of power	功率测定	mesure de puissance
~ of rotating velocity	转速测量	mesure de la vitesse de rotation
electric ~	电(气)测量	mesure électrique
temperature ~	温度测量	mesure de température
thermal ~	热力测量	mesure thermique
mechanics	力学	**mécanique**
cavitation ~	空穴力学	mécanique de la cavitation
fluid ~	流体力学	mécanique des fluides
mechanism	机构;机理	**mécanisme**
control ~	控制机构	mécanisme de contrôle
medium	介质;方法;手段	**milieu**
megger	兆欧表;高阻计;摇表	**appareil megger**
megohmmeter	兆欧表;高阻计;摇表	**méga-ohmmètre**

melting	熔化	fusion
mercury	汞;水银	mercure
message	信息;消息;情报	message
metal	金属	métal
babbitt ~	巴氏合金	métal Babbitt
hard ~	硬质合金	métal dur
Muntz's ~	蒙次合金	métal Muntz
non-ferrous ~	有色金属	métal ferreux
white ~	巴氏合金;白合金;轴承合金	métal blanc
metallization	金属喷镀	métallisation
metallurgy	冶金;冶金学	métallurgique
powder ~	粉末冶金	poudre métallique
powder dry ~	粉末冶金	poudre sèche métallique
meter	计量仪器;米;公尺	capteur
current ~	流速仪	intensité
needle frequency ~	指针式频率计	fréquencemètre en forme d'aiguille
nozzle ~	喷嘴流量计	débitmètre à gicleur
ohm ~	电阻表;欧姆表	ohmmètre
oil ~	量油计	compteurs d'huile
orifice ~	孔板流量计	débitmètre à orifice
pitot ~	皮托管流速计	débitmètre à pistolet
pointer type frequency ~	指针式频率计	fréquencemètre
polyphase ~	多相计量仪表	capteur de mesures polyphases
power factor ~	功率因数表	capteur de facteur de puissance
recording ~	记录器	capteur d'enregistrement
slip ~	转差计;滑差计	capteur de glissement
sound-level ~	声平计	capteur de niveau sonore

strain ~	应变仪	capteur de contrainte
torsion ~	扭矩测量仪	capteur de torsion
vane flow ~	叶片式流量计	débitmètre à ailettes
velocity ~	流速仪;流速计	hydromètre
Venturi ~	文丘里流量计	tube de Venturi
vibration ~	测振仪	capteur de vibration
metering	测量;计量;调节	**mesure**
methane	甲烷;沼气	**méthane**
method	方法;方式;手段	**méthode**
~ of error triangle	扭曲三角形法	méthode de triangulation
analogy ~	相似方法	méthode par analogie
analytical ~	解析法	méthode analytique
arithmetical integration ~	数值积分法	méthode d'intégration arithmétique
electrometric ~	电测方法	méthode électrométrique
graphical ~	图解法	méthode graphique
isotope dilution ~	同位素稀释法	méthode de dilution isotopique
Pitot-tube ~	皮托管法	méthode de tube de Pitot
singularity ~	奇点法	méthode de singularité
source and sink ~	源汇法	méthode de source
source superposition ~	源迭合法	méthode de superposition de source
supersonic ~	超声速法	méthode supersonique
three wattmeter ~	三瓦特表法	méthode de trois wattmètres
variation ~	变分法	méthode de variation
micromanometer	微压计	**micromanomètre**
micropressure-gauge	微压计	**jauge de microprocesseur**
micro-pump	微型泵	**micro pompe**
milk	乳;浆	**soluté**
~ of lime	石灰水	soluté de chaux

millibar	毫巴(气压单位)	**millibar**
minimal	极小	**minimal**
minimum	极小(值)	**minimum**
minium	铅丹;红铅	**minium**
mixture	混合物(剂)	**mélange**
model	模型;样机;型;式	**modèle**
hydraulic ~	水力模型	modèle hydraulique
scale ~	比例模型	modèle homothétique
modification	改型;改装;改进	**modification**
module	模;模数;系数	**module**
bulk ~s of elasticity	体积弹性模数	module d'élasticité
elastic ~s	弹性模量	module élastique
tensile ~s	抗张模量	module de résistance
modulus	模;模数;系数	**module**
elastic ~	弹性模量	module d'élasticité
moment	(力)矩;瞬时	**moment**
~ of force	力矩	moment d'une force
~ of inertia	惯性矩;转动惯量	moment d'inertie
~ of momentum	动量矩;角动量	moment de quantité de mouvement
bending ~	弯矩;弯曲力矩	moment de flexion
rotative ~	转动力矩;转矩	moment rotatif
torsion ~	扭矩	moment de torsion
turning ~	转动力矩;扭矩	moment tournant
twisting ~	扭矩	moment de torsion
momental	力矩的;惯量的	**moment**
momentum	动量	**quantité de mouvement**
monitor	喷水枪;监视器	**moniteur**
monotone	单调(的)	**monotone**
monotonicity	单调性	**monotonie**

monotony	单调性	**monotonie**
motion	运动;动作	**mouvement**
absolute ~	绝对运动	mouvement absolu
circling ~	圆周运动	mouvement circulaire
circular ~	圆周运动	mouvement rotatif
periodic ~	周期运动	mouvement périodique
progressive ~	步进运动	mouvement progressif
relative ~	相对运动	mouvement relatif
translation ~	平移运动	mouvement de translation
turbulent ~	湍流运动	mouvement turbulent
motor	电动机;发动机	**moteur**
adjustable-speed ~	可调转速电动机	moteur à vitesse variable
alternating current ~	交流电动机	moteur de courant alternatif
asynchronous ~	异步电动机	moteur scellé
canned ~	屏蔽电动机	moteur abrité
deep bar ~	深槽电动机	moteur profondeur
deep-slot ~	深槽电动机	moteur de fente profonde
direct-current ~	直流电动机	moteur à alimentation directe
electric ~	电动机	moteur électrique
enclosed ~	封闭式电动机	moteur fermé
enclosed type ~	封闭式电动机	moteur de type fermé
explosion-proof ~	防爆电动机	moteur antidéflagrant
hydraulic ~	液压马达	moteur hydraulique
induction ~	感应电动机;异步电动机	moteur par induction
multispeed ~	多速电动机	moteur à vitesses variables
oil ~	液压马达	moteur d'huile
protected ~	封闭式电动机	moteur protégé
shell-type ~	封闭式电动机	moteur de type coquille
slip ring ~	滑环式电动机	moteur à bague de glissement

squirrel cage ~	鼠笼型电动机	moteur à cage d'écureuil
starting ~	起动电动机	démarrer un moteur
submersible ~	潜水电动机	moteur submersible
synchronous ~	同步电动机	moteur synchrone
universal ~	交直流两用电动机	moteur à courant universel
variable-speed ~	变速电动机	moteur à vitesse variable
varying speed ~	变速电动机	moteur à vitesse variée
vertical shaft ~	立式电动机	moteur vertical
wound rotor induction ~	线绕式感应电动机	moteur à induction
wound type induction ~	线绕式感应电动机	moteur à bobine d'induction
mould	型;模型;造型	**moule**
metal ~	金属型	moule métallique
mounting	安装;装配;框架;座	**montage**
centre line ~	中心线安装	montage de ligne médiane
muffler	消音器	**silencieux**
multiplication	乘法;倍增	**multiplication**
multiplier	放大系数;放大比例尺	**multiplicateur**

N **naphtha**	石脑油;粗挥发油	**naphta**
nature	性质;特性	**nature**
neck	颈部	**cou**
shaft ~	轴颈	tourillon à collet
needle	指针	**aiguille**
neoprene	氯丁橡胶	**néoprène**
net	网;净的	**filet**
safety ~	防护栅;拦污栅	dégrilleur
stop ~	拦网	système de fermeture
network	网络;线路	**réseau**

nickel	镍	**nickel**
nickeling	镀镍	**nickeler**
nickel-plating	镀镍	**bain de nickelage**
nipple	螺纹接套	**mamelon**
grease ~	脂油嘴	mamelon de graisse
hose ~	软管接头	mamelon de tuyau
nitrate	硝酸盐	**nitrate**
ammonium ~	硝酸铵	nitrate ammonium
nitride	氮化物	**nitrure**
node	结点	**noeud**
noise	噪声	**bruit**
cavitation ~	空化噪声	bruit de cavitation
nomogram	列线图;诺模图	**nomogramme**
nomograph	列线图;诺模图	**nomographe**
nonius	卡尺	**calibre à coulisse**
non-metal	非金属	**non métallique**
nonrotationality	无旋;无涡	**rotation nulle**
norla	斗链水车	**noria**
norm	标准	**norme**
normal	法线;垂直的;标准的	**normal**
normalization	正常化;正火;规格化	**normalisation**
notch	凹陷;鱼眼坑;缺口	**encoche**
nozzle	喷嘴;喷管	**ajustage**
adjustable ~	可调喷雾	ajustage réglable
discharge ~	吐出短管	ajustage de la décharge
duplex ~	双重喷雾	ajustage duplex
fixed ~	不可调喷雾	ajustage fixé
multiple ~	喷嘴组	ajustage multiple
suction ~	吸入短管	ajustage de succion

throttle ~	节流喷雾	ajustage d'étranglement
number	数;数目;编号	**nombre**
binary ~	二进制数	nombre binaire
blade ~	叶片数	nombre d'aubes
complex ~	复数	nombre complexe
critical Reynolds ~	临界雷诺数	nombre de Reynolds critique
dimensionless ~	无因次数	nombre sans dimension
Froude ~	弗劳德数	nombre de Froude
Poisson's ~	泊松数	nombre de Poisson
Reynolds ~	雷诺数	nombre de Reynolds
nut	螺母	**écrou**
adjusting ~	调整螺母	écrou de réglage
bearing ~	轴承螺母	écrou de roulement
cap ~	盖形螺母	écrou de bouchon
check ~	锁紧螺母	écrou de verrouillage
gear wheel ~	齿轮锁紧螺母	écrou de roue dentée
gland ~	螺纹式填料压盖	écrou presse-étoupe
grooved ~	带槽螺母	écrou rainuré
lock ~	锁紧螺母	écrou de verrouillage
locking ~	锁紧螺母	contre écrou
slit ~	槽形螺母	écrou de fente
union ~	活接头螺母;接头螺母	écrou de raccord

O	**ohm**	欧姆	**ohm**
	oil	油	**huile**
	coal tar ~	煤焦油	huile de goudron de houille
	diesel ~	煤油	huile de diesel
	engine ~	机油	huile de moteur
	fuel ~	燃料油	huile de combustible

heavy ~	重油	huile lourde
kerosene ~	煤油	kérosène
lubricating ~	润滑油	huile de lubrification
machine ~	机油	huile de machine
mobile ~	机油	huile de mobile
olive ~	橄榄油	huile d'olive
quenching ~	淬火油	huile de trempe
silicone ~	硅油	huile de silicone
tar ~	松焦油	huile de goudron
thin ~	轻油	huile légère
turpentine ~	松节油	essence de térébenthine
white ~	白油	huile blanche
oiliness	润滑性	**onctuosité**
oiling	加油	**huilage**
opening	开度;口	**ouverture**
normal ~	正常开度	ouverture normale
operation	运行;运转;操作;运算	**opération/fonctionnement**
automatic ~	自动运行	fonctionnement automatique
brake ~	制动工况	fonctionnement de freinage
instrumental ~	自动运行;仪器操作	fonctionnement instrumentale
manual ~	手调	fonctionnement manuelle
matrix ~	矩阵运算	fonctionnement matriciel
parallel ~	并联运行	fonctionnement en parallèle
part-load ~	低负荷运行	fonctionnement à charge partielle
reverse speed ~	逆转运行	fonctionnement de vitesse inverse
series ~	串联运行	fonctionnement en serie
turbine ~	水轮机工况	fonctionnement de turbine
operator	操作者;算子	**opérateur**

orbit	轨道	orbite
order	指令;次序;级;阶	ordre
~ of magnitude	数量级	ordre de grandeur
ordinate	纵坐标	ordonnée
orifice	孔口;孔板	orifice
sharp-crested ~	锐缘孔口	orifice de déversoir en mince paroi
sharp-edged ~	锐缘孔口	orifice de déversoir à arête vive
origin	原点;起点;坐标原点	origine
~ of coordinates	坐标原点	origine de coordonnée
O-ring	O 形环	joint d'étanchéité
oscillation	振动;振荡;摆动	oscillation
torsional ~	扭转振动	oscillation en torsion
oscillator	振子;振荡器	oscillateur
shock wave ~	振荡器	oscillateur d'onde de choc
oscillogram	示波图;波形图	oscillogramme
oscilloscope	示波器	oscilloscope
outlet	出口	sortie
outline	外形;轮廓;大纲;概要	figure
output	输出	sortie
driver ~	原动机输出功率	conduite de sortie
normal ~	正常输出功率	sortie normale
rated ~	额定输出功率	sortie nominale
oval	椭圆形	ovale
overflow	溢流	débordement
overhang	悬臂	cantilever
overhaul	大修;检修	révision
general ~	大修	révision générale
major ~	大修	révision majeure

master ~	大修	grande révision
overhauling	大修;检修	**révision complète**
overheating	过热	**surchauffe**
overload	超负荷;过载	**surcharge**
overspeed	超速	**survitesse**
oxidate	氧化物	**oxyde**
oxide	氧化物	**oxyde**

P **packing** 填料;包装 **garniture**

asbestos ~	石棉填料	garniture d'amiante
gland ~	填料箱	garniture de presse-étoupe
graphite-ribbon ~	石墨填料	garniture de graphite
labyrinth ~	迷宫式密封	garniture de labyrinthe
rubber ~	橡胶填料	garniture en caoutchouc
soft ~	软填料	garniture souple

pad 衬垫;底座;台 **coussin**

asbestos ~	石棉垫	coussin d'amiante
foot ~	支脚垫铁	coussin d'ancrage
thrust bearing ~	推力轴承扇形块	coussin de palier de butée

paint 油漆;涂料 **peinture**

| graphite ~ | 石墨涂料;石墨漆 | peinture au graphite |
| lead ~ | 铅漆 | peinture au plomb |

pair 一对;一双 **paire**

| vortex ~ | 涡对 | paire de tourbillons |

panel 盘;板;仪表板;间架 **panneau**

| graphic ~ | 图示操作盘 | panneau graphique |
| instrument ~ | 仪表盘 | panneau de bord |

paper 纸 **papier**

| graph ~ | 坐标纸 | papier graphique |

section ~	坐标纸;方格线	papier millimétré
squared ~	坐标纸;方格线	papier millimétrique
parabola	抛物线	**parabole**
paraffin	石蜡	**paraffine**
parallel	平行线;平行;并联	**parallèle**
parallelism	平行度	**parallélisme**
parallelogram	平行四边形	**parallélogramme**
parameter	参数;参量	**paramètre**
part	部分;零件;部件;分开	**pièce**
repair ~	备件;备品	pièce de réserve
service ~	备件;备品	pièce de service
spare ~	备件;备品	pièce de rechange
particle	粒子;颗粒;质点;微粒	**particule**
abrasive ~	研磨颗粒	particule abrasive
fluid ~	流体质点	particule de fluide
passage	流通;通过	**passage**
crossover ~	回水流道;导流道	croisement
flow ~	流道	passage de fluide
impeller ~	叶轮流道	passage de roue
path	路径;轨迹;通路	**chemin**
circular ~	圆形轨道	chemin circulaire
pattern	模型;样品;图像	**modèle/configuration**
~ of vortex line	涡线图谱	modèle de ligne de vortex
elementary flow ~	基本流谱	modèle de flux élémentaires
flow ~	流谱;流(线)图	configuration d'écoulement
metal ~	金属模	configuration du métal
metallic ~	金属模	configuration métallique
wood ~	木模	configuration en bois
peak	顶点;峰值;顶部	**pic**

wave ~	波峰	pic d'une onde
pearlite	珠光体	**perlite**
pedestal	支座;轴架	**piédestal**
bearing ~	轴承架	piédestal de palier
crankcase ~	曲轴箱支座	piédestal de carter
motor ~	电动机座	piédestal de moteur
penstock	压力管;闸门;给水栓	**conduite forcée**
percent	百分比;百分率	**pourcent**
percolating	渗滤	**infiltration**
percolation	渗滤	**infiltration**
performance	性能;特性	**performance**
field ~	现场运转性能	performance sur site
hydraulic ~	水力性能	performance hydraulique
suction ~	吸入性能	performance d'aspiration
working ~	工作特性	performance utile
perimeter	周长;周围;周边	**périmètre**
wetted ~	湿周	périmètre mouillé
period	周期;阶段;期间	**période**
running-in ~	跑合周期;试运转周期	période de fonctionnement
periodicity	周期性	**périodicité**
periphery	周围;周界;周线;外表面	**périphérie**
permanence	永久性;不变性	**permanence**
peroxide	过氧化物	**peroxyde**
~ of hydrogen	过氧化氢	peroxyde d'hydrogène
hydrogen ~	过氧化氢	peroxyde d'hydrogène
perpendicular	垂线;垂直	**perpendiculaire**
perpendicularity	垂直度	**perpendicularité**
persistence	持久性;持续性	**persistance**
perturbation	扰动	**perturbation**

petrol	汽油	**essence**
petroleum	石油	**pétrole**
phase	相;相位;状态;阶段	**phase**
gaseous ~	气相	phase gazeuse
liquid ~	液相	phase liquide
solid ~	固相	phase solide
phenomenon	现象	**phénomène**
phon	方(响度级的单位)	**phon**
phosphate	磷酸盐	**phosphate**
ammonium ~	磷酸铵	phosphate d'ammonium
sodium ~	磷酸钠	phosphate de sodium
picking	酸洗;酸蚀	**décapage**
picrinite	苦味酸;黄色炸药	**acide picrique**
piece	一块;一件;段;零件	**pièce**
connecting ~	连接件	pièce de connexion
distance ~	定位连接架;托架	entretoise
enclosed distance ~	闭式连接架;闭式托架	entretoise
filler ~	垫片	rondelle
taper ~	锥形管	pièce conique
piezometer	测压计;测压管	**piézomètre**
pin	销;针;插头	**cheville**
actuating ~	促动销	cheville d'actionnement
centre ~	中心销;主销	cheville centrale
cotter ~	开口销;扁销;开尾销	clavette
crank ~	曲轴销	cheville de vilebrequin
dowel ~	定位销;合缝销	cheville
dowel locating ~	定位销	cheville de localisation
fulcrum ~	支轴销	pivot
gudgeon ~	活塞销;轴头销	goujon

hinge ~	铰接销;连接销	cheville d'articulation
link ~	连杆销;连接销	lien
locating ~	定位销	lien de localisation
locking ~	锁销	lien de verrouillage
split ~	开口销;开尾销	lien séparé
tensioning spring retaining ~	拉簧固定销	lien de maintien de ressort de tension
pinion	小齿轮	**pignon**
pipe	管	**tube**
air-exhaust ~	排气管	tube d'évacuation d'air
asbestos cement ~	石棉水泥管	tube d'amiante ciment
auxiliary ~	辅助管道	tube auxiliaire
balance ~	平衡管	tube coudé d'équilibrage
bent ~	肘管	tube coudé
branch ~	支管;分流管	embranchement/raccordement
breeches ~	叉形管	tube fourchu
by-pass ~	旁通管	tube de dérivation
cast-iron ~	铸铁管	tube de fonte
coil ~	盘管;螺旋管;蛇形管	serpentin
column ~	扬水管	tube de pompage
concrete ~	混凝土管	tube de béton
corrugated ~	波纹管	tube ondulé
delivery ~	输水管	tube d'exportation
discharge ~	吐出管;排出管	tube de décharge
discharge branch ~	吐出短管	tube d'évacuation
discharge suspension ~	吐出悬吊管;排出悬吊管	tube de suspension de décharge
drain ~	排水管	tube de drainage
eccentric reducing ~	偏心过渡管;偏心收缩管	tube de la réduction excentrique

filling ~	注入管;充液管	tube de remplissage
flexible ~	挠性管;软管	tube souple
flushing ~	冲洗管	tube de rinçage
guide bend ~	导向弯管	tube de guidage courbé
hume ~	混凝土管	tuyaux en béton
injection ~	喷射管	tube d'injection
inlet ~	进口管	tube d'admission
jet ~	喷射管	jet à réaction
lubricating ~	润滑油管	tube de lubrification
nozzle ~	喷嘴接管	tube d'ajutage
oil ~	油管路	tube d'huile
overflow ~	溢流管	tube de débordement
pressure ~	压力管	tube de pression
return ~	回流管	tube en U
sanitary ~	污水管	tube sanitaire
sealing fluid ~	冲洗管	tube d'étanchéité fluide
seamless steel ~	无缝钢管	tube d'acier sans soudure
service ~	供水管	tube de service
socket ~	承插管	tube de douille
soil ~	污水管	tube des eaux résiduaires
spill ~	溢流管	tube de déversement
suction ~	吸入管	tube d'aspiration
suction branch ~	吸入短管	tube d'aspiration
take-off ~	放水管	tube de désamorçage
taper ~	锥形管	tube conique
tee ~	T形管	tube en T
three way ~	三通管	tube trois voies
T-shaped ~	三通管	tube de trois branches
waste ~	排水管;废水管	tube des eaux résiduaires

waterjet ~	冲洗管	tube de jet d'eau
piping	管系布置;管路	**tuyauterie**
auxiliary ~	辅助管路	tube auxiliaire
discharge ~	压出管路	tube de décharge
oil ~	油管路	tube d'huile
suction ~	吸入管路	tube d'aspiration
water-seal ~	水封管路	tube du joint hydraulique
piston	活塞	**piston**
balance ~	平衡鼓;平衡活塞	piston de balance
double acting ~	双作用活塞	piston à double effet
hollow ~	空心活塞	piston creux
rocking ~	摆动活塞	piston à bascule
rotary ~	旋转活塞	piston rotatif
single lobe rotary ~	单凸轮旋转活塞	piston à un seul lobe rotatif
twin lobe rotary ~	双凸轮旋转活塞	piston à double lobes rotatifs
valve type ~	阀式活塞	piston de type soupape
pit	坑;槽;矿井;井筒	**fosse**
drain ~	排水坑	fosse de drainage
suction ~	吸水槽	fosse d'aspiration
pitch	沥青;节距;螺距;间距	**pas/roulis**
~ per second	秒螺距	pas par seconde
inlet ~	进口螺距	pas d'entrée
outlet ~	出口螺距	pas de sortie
variable ~	可调节距	pas variable
pitman	连杆	**bielle**
pitotmeter	皮托管流速计	**hydromètre**
pitting	点蚀;凹痕;锈斑	**piqûre**
place	地点;位置	**place**
plan	计划;图	**plan**

piping ~	管路图	plan de la tuyauterie
plane	平面	**plan**
~ of reference	基准面	surface de référence
datum ~	基准面	niveau de base
incline ~	斜面	plan incliné
meridian ~	子午面;轴面	plan médian
plant	工厂;设备	**installations**
hydropower ~ with reservoir	水利枢纽	installations hydrauliques avec réservoir
plastic	塑料;塑料制品	**plastique**
organic ~	有机塑料	plastique bio
thermoplastic ~	热塑性塑料	plastique thermoformé
thermosetting ~	热固性塑料	plastique thermodurcissable
plate	板	**plaque/plateau**
asbestos ~	石棉板	plaque d'amiante
back ~	背板;压板	plaque arrière
baffle ~	挡板	plaque de retenue/plaque de soutien
bucket ~	活塞盘	plaque de bac
cheek ~	颊板;侧板	plaque de joue
diaphragm ~	隔膜夹盘	plaque de diaphragme
diffuser ~	导叶盖板	plaque de diffuseur
driving ~	驱动板	plaque de conduite
end ~	端板	plaque de sortie
hinged motor ~	铰接式电机支座	plaque de moteur articulé
interstage ~	级间隔板	plaque interétage
nozzle ~	喷嘴板	plaque de buse
orifice ~	孔板	plaque d'orifice
piston ~	活塞盘	plaque de piston
piston head stop ~	活塞头座板	plaque de tête de piston d'arrêt

plunger head stop ~	柱塞头座板	plaque de tête de cylindre d'arrêt
port ~ of priming stage	自吸段孔板	plaque d'orifice de la phase d'amorçage
pressure ~	压板	plaque de pression
priming stage port ~	自吸段孔板	plaque d'orifice de la phase d'amorçage
scale ~	刻度盘	cercle gradué
seal ~	密封盘	cercle scellé
side ~	侧板	flasque
slide ~	滑片;刮片	cercle coulissant
sole ~	底座垫铁;支脚垫铁	semelle
spring ~	弹簧座	semelle de ressort
stop ~ for piston head	活塞头座板	plaque de tête de piston d'arrêt
throttle ~	节流板	plaque d'étranglement
thrust ~	推力板	plaque de poussée
valve ~	阀板	plaque de valve
valve deck ~	阀板	plaque de valve
valve spring ~	阀簧压板	plaque de valve à ressort
wear ~	护板	plaque de garde
plating	金属涂镀;电镀	**placage**
metal ~	电镀	placage métal
play	游隙;间隙;作用	**jeu/démarrage**
plot	绘图;计划;图表	**dessin**
plotting	绘图	**tracer**
plug	塞;插头;开关	**bouchon**
air release ~	排气塞	bouchon de vidange atmosphérique
drain ~	放水塞;放泄塞	bouchon de drain
grease ~	润滑脂塞	bouchon de graisse
oil filler ~	注油孔堵	bouchon de trou d'huile

pipe ~	管堵	bouchon de vidange
priming ~	注水塞	bouchon d'injection d'eau
screwed ~	螺堵	bouchon vissé
seal ~	密封堵	bouchon scellé
thrust ~	止推塞	bouchon de poussée
vent ~	排气塞	bouchon de ventilation
plumb	铅锤;垂直	**aplomb**
plumbago	石墨(粉)	**plombagine**
plumb-bob	铅锤	**disque de plomb**
plunger	柱塞	**plongeur**
ball-ended ~	球端柱塞	plongeur sphérique
rocking ~	摆动柱塞	plongeur à bascule
plus	加;加号;正号	**plus**
ply	层	**couche**
pneumatics	气体力学;气动力学	**pneumatique**
pocket	袋;穴	**poche**
air ~	气囊	poche pneumatique
gas ~	气囊	poche d'air
vapour ~	汽囊	poche de vapeur
point	点	**point**
base ~	基准点	point de base
best efficiency ~	最高效率点	point de rendement maximum
boiling ~	沸点	point d'ébulition
branch ~	分支点;分歧点	point de divergence
break-off ~	断裂工况点	point de rupture
cavitation ~	汽蚀点	point de cavitation
corresponding ~s	相应点	point correspondant
critical ~	临界点	point critique
cut-off ~	断开点;关死点	point de coupure

dead ~	死点;止点	point mort
design ~	计算工况;计算点;设计点	point de dessin
fixed ~	定点	point fixe
floating ~	浮点	point flottant
intersection ~	交点	point d'intersection
measuring ~	测点	point de mesure
normal operating ~	正常工况点	point de fonctionnement normal
reference ~	基准点	point de référence
saturation ~	饱和点	point de saturation
separation ~	分离点	point de séparation
singular ~	奇点	point singulier
starting ~	起点	point de départ
transformation ~	转化点	point de transformation
transition ~	转换点;过渡点;临界点	point de transition
yield ~	屈服点	point de flexion
pointer	指针;指示器	**pointeur**
knife-dege ~	刀形指针	pointeur en forme de couteau
poise	泊(黏度单位)	**poise**
polyamide	聚酰胺	**polyamide**
polychloroprene	聚氯丁烯	**polychloroprène**
polyethylene	聚乙烯	**polyéthylène**
polygon	多边形;多角形	**polygone**
~ of velocities	速度多边形	polygone de vitesse
force ~	力多边形	polygone de force
polyiron	铁粉;多晶形铁;树脂羰基铁粉	**fer en poudre**
polyisobutylene	聚异丁烯	**polyisobutylène**
polymer	聚合物	**polymère**
polymerizer	聚合器(剂)	**agent de polymérisation**

polynomial	多项式	**polynomiale**
polypropylene	聚丙烯	**polypropylène**
polystyrene	聚苯乙烯	**polystyrène**
polystyrol	聚苯乙烯	**polystyrène**
polytetrafluoroethylene	聚四氟乙烯;特氟隆	**polytétrafluoroéthylène**
polythene	聚乙烯	**polythène**
pond	池;溏	**étang/piscine**
cooling ~	冷却池	étang de refroidissement
porcelain	瓷器	**étang de porcelaine**
port	口;孔;通路;门	**port/support**
exhaust ~	排出口	support d'échappement
inlet ~	进口	support d'entrée
portion	部分;段;份	**portion**
position	位置;地点;状态	**position**
positioner	定位装置	**positionneur**
valve ~	阀挡	positionneur de valve
potash	钾碱;碳酸钾	**potasse carbonatée**
caustic ~	苛性钾;氢氧化钾	potasse caustique
potential	势;势能;位能;位函数	**potentiel**
velocity ~	速度势;速度函数	potentiel de vitesse
potentiometer	电位计;分压器	**potentiomètre**
pottery	陶器	**poterie**
powder	火药;粉剂;粉末	**poudre**
bleaching ~	漂白粉	poudre de blanchiement
power	率;次方;幂;动力;能力	**puissance**
actual ~	有效功率	puissance réelle
effective ~	有效功率;有用功率	puissance effective
electric(al) ~	电功率;电力;电源	puissance électrique
excess ~	剩余功率;剩余动力	puissance excédentaire

horse ~	马力	puissance cheval vapeur
hydraulic ~	水力;水能	puissance hydraulique
input ~	输入功率	puissance d'entrée
nominal horse ~	额定马力	puissance nominale/cheval vapeur
output ~	输出功率	puissance de sortie
rated ~	额定功率	puissance nominale
reactive ~	无功功率;无效功率	puissance de réaction
required ~	需要功率	puissance requise
specific ~	比功率	puissance spécifique
theoretical ~	理论水(动)力	puissance théorique
total ~	总功率	puissance totale
water ~	水力;水能	puissance hydraulique
precession	进动;旋进;岁差	**précession**
reverse synchronous ~	同步反进动	précession synchrone inverse
precision	精度;精密;正确	**précision**
preheating	预热	**préchauffage**
prerotation	预旋	**prérotation**
pressure	压力	**pression**
~ of saturated vapour	饱和蒸汽压力	pression de vapeur saturante
absolute ~	绝对压力	pression absolue
actual ~	实际压力	pression réelle
ambient ~	周围压力	pression ambiante
atmospheric ~	大气压;大气压力	pression atmosphérique
authorized ~	容许压力	pression autorisée
axial ~	轴向压力	pression axiale
back ~	背压力;反压力	contre pression
critical ~	临界压力	pression critique
delivery ~	输送压力	pression de fonctionnement
differential ~	压差	pression différentielle

discharge ~	出口压力;输出压力	pression de décharge
discharge hydrostatic ~	出口静压力	pression de décharge hydrostatique
dynamic ~	动压力	pression dynamique
effective ~	有效压力	pression effective
equilibrium ~	平衡压力	pression d'équilibre
excess ~	余压力;超压力	pression excédentaire
exit ~	出口压力	pression à la sortie
full ~	全压力;总压力	pression complète
gas separation ~	气体分离压力	pression de séparation des gaz
gauge ~	表压;计示压力	jauge de pression
high ~	高压	pression haute
hydrostatic ~	水静压力;流体静压力	pression hydrostatique
indicated ~	指示压力;表压力	pression d'indication
injection ~	喷射压力	pression d'injection
inlet ~	进口压力	pression d'entrée
intake ~	吸入压力	pression d'admission
intermediate ~	中间压力	pression intermédiaire
internal ~	内压	pression interne
licenced ~	容许压力	pression autorisée
low ~	低压	pression basse
maximum allowable ~	最大允许压力	pression maximale autorisée
maximum discharge ~	最大排出压力	pression de décharge maximale
maximum suction ~	最大吸入压力	pression d'aspiration maximale
medium ~	中压	pression moyenne
negative ~	负压	pression négative
normal ~	常压;法向压力	pression normale
outlet ~	出口压力	pression de sortie
partial ~	分压力;部分压力	pression partielle
positive ~	余压力;正压力	pression positive

ram ~	速度头;速压头;冲压	pression de poinçon
rated discharge ~	额定排出压力	pression de décharge nominale
rated suction ~	额定吸入压力	pression d'aspiration nominale
reduced ~	换算压力;对比压;减压	pression réduite
relative ~	相对压力	pression relative
saturated vapour ~	饱和蒸汽压力	pression de la vapeur saturée
saturation ~	饱和压力	pression saturante
standard ~	标准压力	pression standard
static ~	静压(力)	pression statique
steam ~	蒸汽压力	pression de la vapeur
suction ~	吸入压力	pression d'aspiration
supercritical ~	超临界压力	pression supercritique
superhigh ~	超高压	ultra haute pression
test ~	试验压力	pression d'essai
throat ~	喉部压力	pression au col
total ~	总压	pression totale
water ~	水压力	pression de l'eau
working ~	工作压力	pression de fonctionnement
priming	注水;点火;加注(燃料)	**amorçage**
~ of pump	灌泵	amorçage de pompe
principle	原理;法则	**principe**
~ of angular momentum	动量矩原理;角动量原理	principe de moment angulaire
~ of potential flow superposition	势流叠加原理	principe de superposition
variational ~	变分原理	principe variationnel
probe	探针;探测器;传感器	**sonde**
procedure	工序;过程;程序;工艺规程	**procédure**
design ~	设计步骤;设计方法	procédure de dessin

process	过程;流程;工序	**processus/procédure**
processing	处理;加工;操作	**traitement**
data ~	数据处理	traitement des données
product	产品;乘积;成果	**produit**
scalar ~	纯量积;标量积;点乘积	produit scalaire
vector ~	向量积;矢积;外积	produit vectoriel
production	生产;制造;产品;成果	**production**
job-lot ~	单位生产	production unitaire
large-scale ~	大量生产	production à grande échelle
lot ~	成批生产	production en quantité
mass ~	大量生产	production en masse
piece ~	单件生产	production unitaire
scalar ~	纯量积	production scalaire
small serial ~	小批生产	production de faible série
small volume ~	小批生产	production de faible quantité
profile	型面;剖面;翼型;轮廓;剖面图	**profil**
~ of the impeller	叶轮轴面形状;工作轮图	profil de roue à aubes
vane ~	叶片剖面;叶型	profil d'ailettes
program	计划;程序	**programme**
test ~	试验大纲	programme d'essai
program(m)ing	程序设计;规划;计划	**programme**
system ~	系统程序设计	programme du système
progression	级数;进展;发展	**progression**
project	设计;投影;投射	**projet**
projection	投影;计划	**projection**
proof	耐……的;防……的;证实	**preuve**
air ~	气密性	étanchéité à l'air
propane	丙烷	**propane**

propeller	螺旋桨;旋桨式叶轮	hélice
property	性质;性能;特性	propriété
aerodynamic ~ies	空气动力特性	propriété aérodynamique
proportion	比例;部分	proportion
propulsion	推进;动力装置	propulsion
jet ~	喷气推进;喷射推进	propulsion à réaction
propylene	丙烯	propylène
prototype	原型;样机	prototype
psychrometer	湿度计;干湿球湿度计	psychromètre
puller	拉出器	extracteur
rotor ~	转子拆卸器	extracteur de roue
sleeve ~	轴套拆卸器	extracteur de manchon
wheel ~	卸轮器	extracteur de roue
pulley	滑轮;滑车;皮带轮	poulie
V-belt ~	三角皮带轮	poulie de courroie en V
V-rope ~	三角皮带轮	poulie de câble en V
pulp	纸浆	pulpe
paper ~	纸浆	pulpe de papier
wood ~	木(纸)浆	pulpe de bois
pulsation	脉动;跳动	pulsation
pressure ~	压力脉动	pulsation de pression
pulsator	水锤泵;振动机	pulsateur
steam ~	蒸汽脉冲泵;脉冲泵	pulsateur de vapeur
pulse	脉冲	impulsion
pulsometer	蒸汽脉冲泵;脉冲泵	générateur de pulsation
pump	泵	pompe
~ for acid washing of boiler	锅炉酸洗泵	pompe à lavage de chaudière à l'acide
~ for edible fluids	食品泵	pompe à liquide comestible
~ for liquid metals	液态金属泵	pompe à métaux liquides

~ for liquid salts	熔盐泵	pompe à liquides salés
~ for pipe system	管网泵	pompe de tuyauteries
~ for water-borne solids	固体输送泵	pompe à solide hydrique
~ with cyclic electro-magnetic drive	电磁驱动泵	pompe à moteur électromagnétique cyclique
~ with enclosed im-pellers	闭式叶轮泵	pompe à roue fermée
~ with external bear-ing(s)	外轴承泵	pompe à palier externe
~ with internal bear-ing(s)	内轴承泵	pompe à palier interne
~ with mechanical seal	机械密封泵	pompe à joint mécanique
~ with nonrotating cylinder	固定缸体泵	pompe à roue non rotatif
~ with opposed impel-lers	相对叶轮泵；背靠背叶轮泵	pompe à roue incliné opposé
~ with overhung im-peller	悬臂叶轮泵	pompe à roue en porte-à-faux
~ with series or paral-lel connection impel-lers	叶轮串并联泵	pompe à roue en série-parallèle
~ with withdrawable rotor assembly	转子可抽出式泵	pompe à rotor
abrasion resisting ~	耐磨泵	pompe résistante à l'abrasion
absorption ~	吸收泵	pompe d'absorption
acid ~	耐酸泵	pompe à acide
activated sludge ~	活性污泥泵	pompe de boues activées
adjustable diaphragm ~	可调隔膜泵	pompe à diaphragme réglable
adjustable discharge gear ~	齿轮比例泵	pompe à engrenage de décharge réglable
adsorption vacuum ~	吸附真空泵	pompe à adsorption sous vide
agricultural spray ~	喷灌泵	pompe à pulvérisation agricole
agricultural spray ~ for chemicals	农用喷药泵	pompe à pulvérisation agri-coles de produits chimiques

air lift ~	气泡泵;曼木特泵;气举泵	pompe à aspiration pneumatique
air operated ~	压缩空气驱动泵	pompe à air comprimé
air-powered piston ~	风动活塞泵	pompe à piston pneumatique
air-pressure actuated slurry ~	气动泥浆泵	pompe actionnée de la boue à la pression atmosphérique
airtight screw ~	密闭式螺杆泵	pompe de vis hermétique
all bronze ~	全青铜泵	pompe en bronze
all iron ~	铸铁泵	pompe en fer
alloy ~	合金泵	pompe en alliage
alloy steel ~	合金钢泵	pompe en acier allié
angle-type axial flow ~	半贯流式轴流泵;弯管轴流泵	pompe de flux d'angle axial
angle-type axial piston ~	斜轴式轴向活塞泵	pompe à piston d'angle axial
animal self-operated drinking water ~	饲槽自动泵;家畜自动饮水泵	pompe automatique de l'eau potable pour les animaux
annular casing ~	环壳泵	pompe à carter annulaire
anti-roll ~	减摇泵	pompe antiroulis
Archimedean screw ~	螺旋泵	pompe à vis d'Archimède
armoured ~	铠装泵	pompe blindée
articulated vane ~	铰链滑片泵	pompe à aubes articulées
ash ~	灰渣泵	pompe à cendre
attached ~	附属泵	pompe attachée
automatic trough ~	饲槽自动泵;家畜自动饮水泵	pompe automatique
automobile ~	汽车用泵	pompe d'automobile
auxiliary ~	辅泵;辅助泵	pompe auxiliaire
auxiliary stripping ~	辅扫仓泵;副清仓泵	pompe auxiliaire de décapage
aviation ~	航空用泵	pompe d'aviation
axial double entry liquid ring ~	轴向双吸液环泵	pompe axiale à double entrée à anneaux liquides
axial flow ~	轴流泵;螺桨泵	pompe axiale

axial flow ~ for water jet propulsion	喷水推进轴流泵	pompe axiale de propulsion par jet d'eau
axial flow ~ with adjustable (or variable) pitch blades	可调式轴流泵	pompe axiale avec aubes réglables
axial flow ~ with blades adjustable in operation	全可调式轴流泵	pompe axiale avec aubes réglables en service
axial flow ~ with blades adjustable when stationary	半可调式轴流泵	pompe axiale avec aubes réglables stationnaire
axial flow ~ with reversible blades	可逆叶片轴流泵	pompe axiale avec pale réversible
axial flow ~ with variable pitch blades	全可调式轴流泵	pompe axiale avec aubes réglables
axial inlet ~	轴吸泵	pompe d'entrée axiale
axial piston ~	轴向活塞泵	pompe à piston axial
axial plunger ~	轴向柱塞泵	pompe axiale immergée
axial single entry liquid ring ~	轴向单吸液环泵	pompe axiale de simple entrée à anneaux liquides
axial suction ~	轴向吸入泵	pompe axiale d'aspiration
axially split ~	中开泵	pompe divisée axialement
back wash ~	逆洗泵	pompe de lavage à contre-courant
back water ~	回水泵	pompe à eau de retour
bagasse ~	蔗渣泵	bagasse
balanced rotor vane ~	平衡转子式滑片泵	pompe à rotor équilibré
balanced suction ~	双吸泵	pompe d'aspiration équilibrée
ballast ~	压载泵	pompe de ballast
ball piston ~	球形活塞泵	pompe à piston sphérique
barrel ~	筒袋式泵	pompe de réservoir
barrel emptying ~	箱筒抽空泵	pompe de vidange
barrel oil ~	筒袋式油泵	pompe de réservoir d'huile
barrel insert ~	双壳泵	pompe de réservoir par insertion

base load ~	基本负荷泵	pompe de charge
beer ~	啤酒泵	pompe à bière
beet ~	甜菜泵	pompe à betterave
beet tails ~	甜菜根泵	pompe à racine de betterave
bellows ~	波纹管泵	pompe à ondulation
belt driven ~	皮带传动泵	pompe à entraînement par courroie
beat axis axial piston ~	斜轴式轴向活塞泵	pompe à pistons axiaux
BFW ~	锅炉给水泵	BFW
bilge ~	舱底泵	pompe de cale
biological sludge ~	活性污泥泵	pompe des boues actives
bitumen ~	沥青泵	pompe de bitume
bladeless ~	无叶片泵	pompe sans aubes
board ~	甲板泵	pompe de pont
boiler feed water ~	锅炉给水泵	pompe d'alimentation de chaudière
boiler return circulating ~	锅炉回水循环泵	pompe de retour d'eau de chaudière
boost ~	接力泵	pompe de relais
booster ~	前置泵;增压泵	pompe de relevage
booster diffusion ~	增压扩散泵	pompe de relevage de diffusion
booster-feed ~	增压给水泵	pompe de relevage d'alimentation d'eau
boosting ~	增压泵	pompe de pression
borehole ~	深井泵	pompe de forage
borehole flushing ~	钻井冲洗泵	pompe d'évacuation de forage
borehole reciprocating ~	往复式深井泵	pompe de forage alternatif
borehole shaft driven (centrifugal) ~	长轴深井泵	pompe centrifuge de forage entraînée par l'axe
borehole submerged ~	潜水深井泵	pompe de forage immergée
boron addition ~	加硼泵	pompe par alliage de bore

bottom inlet ~	底吸泵	pompe aspirante de fond
bottom suction ~	底吸泵	pompe d'aspiration de fond
bottoms ~	底料泵;塔底液泵	pompe d'aspiration
brine ~	盐水泵	pompe de saumure
broke ~	碎纸浆泵	pompe de brise-papier
bronze fitted ~	衬青铜泵	pompe à armatures de bronze
bucket piston ~	盘状活塞泵	pompe à aujets
building site ~	工程用泵	pompe de chantier
built-in ~	装入式泵	pompe intégrée
bulkhead mounted ~	舱壁泵	pompe en support de cloison
bung mounted ~	夹装泵	pompe de montage dans la bonde
butterworth ~	洗舱泵	pompe de nettoyage de citernes
cam ~	凸轮泵	pompe à cames
cam plate type axial piston ~	斜盘式轴向活塞泵	pompe à piston à cames
cam rotor vane ~	凸轮转子式刮片泵	pompe rotative à cames
cam-vane ~	凸轮转子式刮片泵	pompe à palettes
canned motor ~	屏蔽泵	pompe à moteur blindé
canned motor ~ with inner recirculation	内循环形屏蔽器	pompe à moteur blindé avec la recirculation interne
canned motor ~ with outer recirculation	外循环形屏蔽器	pompe à moteur blindé avec la recirculation externe
car wash ~	汽车冲洗泵	pompe de lavage de voiture
cargo oil ~	货油泵	pompe à huile pour carge
cast steel ~	铸钢泵	pompe en acier
cellar drainage ~	地下室排水泵	pompe de drainage de sous-sol
cellulose pulp ~	黏浆泵	pompe de pâte cellulosique
cement grout ~	混凝土泵	pompe de coulis de ciment
cement slurry ~	水泥浆泵	pompe de boue de ciment
cementation ~	混凝土泵	pompe de cimentation

centrally ported radial piston ~	内配流径向活塞泵	pompe à piston radial centré
centre-packed type piston ~	中央密封式活塞泵	pompe à piston centré
centrifugal ~	离心泵	pompe centrifuge
centrifugal ~ with inducer	诱导轮离心泵	pompe centrifuge avec inducteur
centrifugal ~ with open impeller	开式叶轮离心泵	pompe centrifuge avec roue ouverte
centrifugal ~ with semiclosed impeller	半开式叶轮离心泵	pompe centrifuge avec roue semi ouverte
centrifugal ~ with shrouded impeller	闭式叶轮离心泵	pompe centrifuge avec roue fermée
centrifugal-jet ~	离心喷射泵	pompe centrifuge à jet
centrifugal-peripheral ~	离心-旋涡泵	pompe centrifuge périphérique
centrifugal run-off ~	离心机出料泵	pompe centrifuge d'écoulement
centrifugal-turbine ~	离心-旋涡泵	pompe centrifuge de turbine
centripetal ~	向心泵	pompe centripète
ceramic ~	陶瓷泵	pompe en céramique
ceramic acid ~	陶瓷酸泵	pompe en céramique à l'acide
chain ~	链式泵	pompe à chaine
chain drive ~	链传动泵	pompe de transmission par chaîne
channel impeller ~	流道式叶轮泵	pompe de roue à chaine
charge ~	给料泵	pompe de charge
chemical ~	化工用泵	pompe chimique
chemical pulp ~	化学纸浆泵	pompe à pâte chimique
chemical stock ~	化学纸浆泵	pompe de stockage chimique
chlorovinyl plastic ~	氯乙烯塑料泵	pompe en polyéthylène plastique
chocolate ~	巧克力输送泵	pompe à chocolat
chokeless ~	无堵塞泵	pompe sans étranglement
circular casing ~	环壳泵	pompe de boîtier circulaire

circulating ~	循环泵;环流(水)泵	pompe de circulation
clarified juice ~	石灰汁泵;清汁泵	pompe à jus clarifié
clean water ~	清水泵	pompe d'eau potable
clear water ~	清水泵	pompe à eau propre
close coupled ~	直联泵;单体泵	pompe à couplage direct
closed peripheral ~	闭式旋涡泵	pompe périphérique fermée
coal ~	煤水泵	pompe à charbon
coal face ~	矿井工作面泵	pompe à front de taille
coal slurry ~	煤泥泵	pompe à la bouillie de charbon
coal washing ~	洗煤用泵	pompe de lavage du charbon
collant ~	冷剂泵	pompe de refroidissement
compressed air ~	压缩空气驱动泵	pompe à air comprimé
concrete volute ~	混凝土蜗壳泵	pompe de volute pour béton
condensate ~	冷凝泵	pompe à condensat
condensate-booster ~	凝水-增压泵	pompe élévatrice de condensat
condensate-booster-feed ~	凝水-增压-给水泵	pompe de surcompression de condensat
condensate extraction ~	冷凝泵	pompe d'extraction de condensat
condensate recovery ~	凝水回收泵	pompe de récupération du condensat
condensate return ~	凝水回收泵	pompe de condensat récupéré
conduction ~	传导泵	pompe à conduction
constant pressure ~	定压泵	pompe à pression constante
constant speed ~	恒速泵	pompe à vitesse constante
contactless gear ~	非接触齿轮泵	pompe à engrenage sans contact
contactor ~	混料泵	pompe à contacteur
contractor's ~	工程用泵	pompe de l'utilisateur
coolant ~	冷剂泵	pompe réfrigérante
cooling medium ~	冷剂泵	pompe à fluide de refroidissement

cooling water ~	冷却水泵	pompe à eau de refroidissement
corrosion free ~	耐蚀泵	pompe contre la corrosion
corrosion resisting ~	耐蚀泵	pompe résistant à la corrosion
cossette ~	甜菜丝泵	pompe de cossette
cottage ~	手压泵;手动泵	pompe à main
cracking ~	裂化装置泵	pompe de craquage
crank ~	曲柄泵	pompe à manivelle
crank and flywheel ~	曲柄飞轮泵	pompe à manivelle libre
crankless ~	无曲柄泵	pompe sans manivelle
crankless fire ~	无曲柄消防泵	pompe d'incendie sans manivelle
crankless multicylinder ~	无曲柄多缸泵	pompe sans manivelle à cylindres multiples
crankless sewage ~	无曲柄污水泵	pompe sans manivelle à eaux usées
crescent gear ~	内啮合齿轮泵	pompe embrayable
crescent seal gear ~	内啮合齿轮泵	pompe à engrenage embrayable
crude oil ~	原油泵	pompe à pétrole brut
crude sewage ~	原生污水泵	pompe à eau usée
crude sludge ~	原生污泥泵	pompe pour boues brutes
cryo ~ for LNG	液化天然气用低温泵	pompe cryogénique pour LNG (gaz naturel liquéfié)
cutting oil ~	切削冷却乳剂泵	pompe à huiles de coupe
cycloidal screw ~	摆线螺杆泵	pompe à vis cycloïdale
cylindric induction ~	圆筒感应泵	pompe à induction cylindrique
deaerator lift ~	除氧器供给泵	pompe de levage de dégazeur
deaerator recirculating ~	除氧器循环泵	pompe de recirculation de dégazeur
decanted sewage ~	滤清污水泵	pompe de décantation des eaux usées
deck ~	甲板泵	pompe de pont
deck wash ~	甲板冲洗泵	pompe de lavage du pont

deepwell ~	深井泵	pompe de puits profond
descaling ~	除氧化皮泵	pompe de décalaminage
de-watering ~	地下水排水泵	pompe de déshydratation
diaphragm ~	隔膜泵	pompe à diaphragme
diaphragm metering ~	隔膜式计量泵	pompe de mesure à diaphragme
diaphragm piston ~	隔膜活塞泵	pompe de piston à diaphragme
diaphragm plunger ~	隔膜柱塞泵	pompe de plongeur à diaphragme
diesel ~	柴油机驱动泵	pompe de diesel
differential piston ~	差动活塞泵	pompe de diesel différentiel
diffuser ~	导叶泵	pompe à diffuseur
diffusion vaccum ~	扩散真空泵	pompe à diffusion de vide
digeated sludge ~	消化污泥泵;腐泥泵;吸泥泵	pompe de digestion des boues
digester acid circulating ~	蒸煮锅酸液循环泵	pompe de digesteur de recirculation d'acide
digester drain ~	蒸煮锅放泄泵	pompe de digesteur du drain
direct acting steam ~	蒸汽直动活塞泵	pompe à vapeur à action directe
direct mounted ~	直接安装泵	pompe à montage direct
disc ~	隔膜泵	pompe à disque
discharge ~	成品泵	pompe de décharge
disintegrator ~	碎渣泵;粉碎机泵	pompe de désintégrateur
dispensing ~	加油站泵;配料泵	pompe à distributeur
district heating ~	地区取热泵;分区供暖泵	pompe de chauffage urbain
diverter ~	粪便泵;分流泵	pompe de déviation
dock ~	船坞泵	pompe de cale
domestic water supply ~	家用供水泵	pompe d'approvisionnement en eau à usage domestique
dosing ~	比例泵	pompe à dosage
double acting piston ~	双作用活塞泵	pompe à piston double action

double action vane ~	双作用滑片泵	pompe à aubes double action
double-casing volute ~	双蜗壳泵	pompe à enveloppe de volute double
double channel impeller ~	双流道叶轮泵	pompe de roue de canal double
double entry ~	双吸泵	pompe à double aspiration
double entry liquid ring ~	双吸液环泵	pompe à anneau liquide à entrée double
double entry screw ~	双吸螺杆泵	pompe à vis à entrée double
double helical gear ~	人字齿齿轮泵	pompe à roue dentée hélicoïdale
double plunger ~	双柱塞泵	pompe à plongeur double
double rotor vane ~	双转子滑片泵	pompe à pales de rotor double
double suction ~	双吸泵	pompe à aspiration double
double volute ~	双蜗壳泵	pompe à double volute
drainage ~	疏水泵	pompe de drainage
draining ~	排水泵	pompe de drainage d'eau souterraine
dredging ~	挖泥泵	pompe de dragage
drinking water ~	饮用水泵	pompe à l'eau potable
dry dock ~	干船坞泵	pompe de cale sèche
dry pit ~	干坑泵	pompe de fosse sèche
dry self-priming ~	干式自吸泵	pompe à autoamorçage sèche
dry sump ~	干坑泵	pompe de puisard sec
dry vacuum ~	干式真空泵	pompe de vide sec
duplex compound steam ~	双缸串联蒸汽直动泵	pompe de vapeur à composés multiples
duplex power ~	双缸曲柄泵	pompe de puissance à composés multiples
duplex steam ~	双缸蒸汽直动泵	pompe à vapeur à composés multiples
duty ~	值勤泵	pompe de service
dye ~	染料泵	pompe à colorant

dyke drainage ~	围垦泵	pompe de drainage de dyke
ebonite ~	衬硬胶泵	pompe à ébonite
eccentric helical rotor ~	偏心螺杆泵	pompe à rotor hélicoïdal excentrique
eccentric rotary ~ with dividing plate	带隔片的偏心转子泵	pompe rotative excentrique avec plaques de séparation
eccentric rotary ~ with elastic ring	带柔性环的偏心滚柱泵	pompe rotative excentrique à manchon coulissant
eccentric rotary ~ with sliding sleeve	滑阀型转子泵	pompe rotative excentrique à douille coulissante
effluent ~	污水泵	pompe à effluent
electrically driven ~	电动泵	pompe à entraînement électrique
electrically driven feed ~	电动给水泵	pompe d'alimentation à entraînement électrique
electroimpulse ~	电脉冲泵	pompe à pulsation électrique
electromagnetic ~	电磁泵	pompe électromagnétique
electromagnetic diaphragm ~	电磁隔膜泵	pompe à diaphragme électromagnétique
electromagnetic jet ~	电磁喷射泵	pompe à réaction électromagnétique
electromagnetic metering ~	电磁计量泵	pompe de mesure électromagnétique
electromagnetic proportioning ~	电磁式比例泵	pompe de dosage électromagnétique
electromagnetically coupled ~	电磁耦合泵	pompe couplée électromagnétiquement
electro-submersible ~	电动潜水泵	pompe submersible électrique
electro-submersible drainage ~	电动潜水排水泵	pompe de drainage submersible électrique
emergency ~	应急泵	pompe d'urgence
emulsion ~	乳剂泵	pompe pour émulsion
enamel lined ~	搪瓷泵	pompe à garnissage émaillée
enamel lined rotor ~	搪瓷衬里转子泵	pompe à garnissage émaillée de rotor

end-packed type piston ~	端部密封式活塞泵	pompe à piston avec bout étanche
engine driven ~	内燃机驱动泵	pompe entraîné par moteur
epoxide resin ~	环氧树脂泵	pompe à résine époxy
evacuation ~	起动用抽气泵	pompe d'évacuation
evaporator supply ~	清汁泵	pompe d'évaporateur d'alimentation
external gear ~	外啮合齿轮泵	pompe d'engrenage extérieur
fecal ~	粪便泵	pompe à matières fécoles
feed ~	给料泵	pompe d'alimentation
feeder ~	接力泵	pompe d'alimentation
filter ~	过滤泵	pompe de filtrage
filter mud ~	泥浆泵	pompe de filtrage de boue
filter residue ~	滤渣泵	pompe de résidu
filtered juice ~	清汁泵	pompe de filtre de jus
filter-humus ~	生物滤池腐殖质泵	pompe de filtrage d'humus
final product ~	成品泵	pompe de produit final
fire (fighting) ~	消防泵	pompe à incendies
fish ~	鱼泵	pompe à poisson
five screw ~	五螺杆泵	pompe à 5 vis
fixed axial clearance gear ~	恒定轴向间隙齿轮泵	pompe à engrenage axiale fixé
flange mounted ~	法兰悬臂泵	pompe à bride de cantilever
flanged motor driven ~	法兰式电动机驱动泵	pompe à bride entraînée par un moteur
flanged overhung ~	法兰悬臂泵	pompe à bride en porte-à-faux
flat valve axial piston ~	配流盘式轴向活塞泵	pompe à piston axial
flexible rotary ~	挠型转子泵	pompe à rotor flexible
flexible tube ~	软管泵;蠕动泵	pompe à tube flexible
flexible tube diaphragm ~	软管式隔膜泵	pompe à diaphragme de tube flexible

flexible tube membrane ~	软管式隔膜泵	pompe à membrane de tube flexible
flexible vane ~	弹性刮片泵	pompe à aube flexible
floating ~	浮动泵	pompe flottante
floating dock ~	浮船坞泵	pompe flottante de cale
floating sludge ~	悬浮污泥泵	pompe flottante des boues
flood drainage ~	泄洪泵	pompe de drainage d'inondations
fluid entrainment ~	流体喷射泵	pompe à entraînement d'un fluide
fluid jet ~	流体喷射泵	pompe à jet de fluide
flushing ~	冲洗泵	pompe de rinçage
food ~	食品泵	pompe de produits alimentaires
foot ~	脚踏泵	pompe de fond
foot mounted ~	底脚固定泵	pompe installée au fond
forepeak ~	尖舱泵	pompe de coqueron
free piston ~	自由活塞泵	pompe à piston disponible
freon ~	氟利昂泵	pompe à fréon
fresh water ~	淡水泵	pompe à eau fraîche
fuel ~	燃油泵	pompe à combustible
fuel oil injection ~	燃油喷射泵	pompe d'injection de mazout
fuel oil supply ~	燃油供给泵	pompe d'alimentation de mazout
fuel oil transfer ~	燃油转送泵	pompe de transfert de mazout
full load ~	全负荷泵	pompe sous pleine charge
gas ballast ~	气镇泵	pompe de ballast de gaz
gas bubble ~	气泡泵;气举泵	pompe de bulle de gaz
gas jet ~	气体喷射泵	pompe de jet de gaz
gas jet vacuum ~	气体喷射真空泵	pompe de jet gazeux de vide
gas lift ~	气举泵;气体升液泵	pompe d'ascension de gaz
gas washing ~	洗气泵	pompe de lavage de gaz

gastight motor driven ~	气密电动泵	pompe étanche entraînée par moteur
gear ~	齿轮泵	pompe à engrenage
gear ~ with pressure-dependent axial clearance	轴向间隙压力补偿齿轮泵	pompe à engrenage de jeu axial avec la pression dépendante
gear ~ with pressurized side plate	轴向间隙压力补偿齿轮泵	pompe à engrenage de pression sur la plaque latérale
gear dosing ~	齿轮比例泵	pompe à engrenage de dosage
geared ~	齿轮传动泵	pompe à engrenage
general service ~	通用泵	pompe de service général
glandless ~	无轴封泵	pompe sans garniture
glandless ~ for refrigerating installation	冷冻装置用无轴封泵	pompe sans garniture pour les installation frigorifique
glandless metering ~	无轴封计量泵	pompe de mesure sans garniture
glass ~	玻璃泵	pompe à verre
governor oil ~	伺服系统油泵	pompe à gouverneure d'huile
gravel ~	沙石泵	pompe à gravier
grease ~	滑脂泵	pompe à graisse
groundwater drainage ~	地下水排水泵	pompe de drainage d'eau souterraine
groundwood stock ~	机械木浆泵	pompe mécanique de pâte à bois
half load ~	（主机）半负荷泵	pompe à demi charge
hand ~	手动泵；手压泵	pompe à main
hand lift ~	手压提升泵	pompe de levage à main
hand lift and force ~	手压抽排泵；手摇泵	pompe de levage à main
hand piston ~	手动活塞泵	pompe de piston à main
hard lead ~	硬铅泵	pompe de plomb dur
hard rubber lined ~	衬硬胶泵	pompe à garniture en caoutchouc dur
head ~	水头泵；升水泵；甲板冲洗泵	pompe de hauteur

headstock mounted ~	托架固定泵	pompe à poupée fixe
heat ~	热泵	pompe de chaleur
heat transfer ~	载热剂泵	pompe de transfert de chaleur
heater lift ~	加热器给水泵	pompe d'alimentation de chauffage
heating ~	取暖用泵	pompe de chauffage
heavy medium wash-ery ~	重介质选矿泵	pompe de sélection de minerais par milieu lourd
heeling ~	横倾平衡泵	pompe à bande
helical gear ~	斜齿齿轮泵	pompe à roue hélicoïdale
helical rotor ~	单螺杆泵	pompe à rotor hélicoïdale
hermetic screw ~	密闭式螺杆泵	pompe à vis hermétique
herringbone ~	人字齿齿轮泵	pompe à chevrons
herringbone gear ~	人字齿齿轮泵	pompe à roue à chevrons
high pressure ~	高压泵	pompe sous haute pression
high pressure heater drains ~	高压加热器疏水泵	pompe de drains de réchauffeur sous haute pression
high speed ~	高速泵	pompe à haute vitesse
high speed centrifugal ~	高速离心泵	pompe centrifuges à haute vitesse
high speed turbo ~	高速叶片泵;高速透平泵	pompe de turbo à haute vitesse
high speed rotodynam-ic ~	高速叶片泵	pompe rotodynamique à haute vitesse
high temperature ~	高温泵	pompe sous haute température
higher specific speed ~	高比转速泵	pompe à vitesse spécifique importante
hinged cover ~	铰接盖式泵	pompe à couvercle articulé
horizontal ~	卧式泵	pompe horizontale
horizontal split ~	中开泵;水平中开泵	pompe horizontale séparée
hot oil ~	热油泵	pompe à l'huile chaude
hot water ~	热水泵	pompe à eau chaude

hot water circulating ~	热水循环泵	pompe de circulation à eau chaude
hot well ~	冷凝泵;热井泵;冷凝水箱泵	pompe enterrée
hot-well ~	冷凝泵	pompe enterrée
Humphrey ~	内燃泵;汉弗雷泵	pompe Humphrey
hydraulic ~	液压泵	pompe hydraulique
hydraulic piston ~	液压活塞泵	pompe à piston hydraulique
hydraulic press ~	水压机泵	pompe à pression hydraulique
hydraulic (pressure) test ~	试压泵	pompe d'essai à pression hydraulique
hydrophor ~	压力水柜泵	pompe d'hydrophore
hyperbolic screw ~	双曲线式螺杆泵	pompe à vis hyperbolique
idealized ~	理想泵	pompe idéale
inclined Archimedean screw ~	螺旋提水机;阿基米德螺旋泵	pompe à vis inclinée d'Archimède
inclined axial flow ~	斜置轴流泵	pompe à flux axial incliné
inclined piston ~	倾斜活塞泵	pompe à piston incliné
inclined rotor ~	斜板泵	pompe à rotor incliné
induction ~	感应泵	pompe à induction
inertia crankless ~	惯性无曲柄泵	pompe à inertie sans manivelle
inertia impulse ~	惯性脉冲泵	pompe à impulsion par inertie
injection ~	喷射泵	pompe d'injection
injection water ~	喷水泵	pompe d'injection d'eau
in-line plunger ~	直列式柱塞泵	pompe à plongeur en alignement
in-line piston ~	单列式活塞泵	pompe à piston en alignement
inside-packed type piston ~	内封闭式活塞泵	pompe à piston de fermeture interne
integral ~	装入式泵	pompe intégrée
internal gear ~	内啮合齿轮泵	pompe à engrenage intégral

internal-packed type piston ~	内密封式活塞泵	pompe à piston à fermeture interne
involute cycloidal screw ~	渐开线摆线螺杆泵	pompe à vis développante cycloïdal
ion(ization) ~	离子泵	pompe ionique
ionization vaccum ~	电离真空泵	pompe à vide d'ionisation
irrigation ~	灌溉泵	pompe d'irrigation
jacket cooling ~	水套冷却泵	pompe à chemise de refroidissement
jacketed ~ (cooled)	冷套泵	pompe chemisée de refroidissement
jacketed ~ (heated)	热套泵	pompe chemisée de chaleur
jet ~	喷射泵	pompe à réaction
jet ~ with long Venturi tube	长喉管喷射泵	pompe à réaction avec tube de venturi long
jet ~ with short Venturi tube	短喉管喷射泵	pompe à réaction avec tube de venturi court
jet sludge ~	射流泥浆泵	pompe à réaction des boues
juice ~	糖汁泵;(浆)汁泵	pompe à jus
jury ~	应急泵	pompe de secours
laboratory ~	实验室泵	pompe de laboratoire
labyrinth ~	迷宫泵	pompe à labyrinthe
labyrinth screw ~	迷宫螺旋泵	pompe à vis labyrinthique
land reclamation ~	排涝泵	pompe à drainage des eaux des terres
lantern based ~	灯笼架支承泵	pompe à support de la lanterne
lantern mounted ~	灯笼架固定泵	pompe fixée à la lanterne
level control ~	控制水位用泵	pompe de contrôle de niveau d'eau
lever operated hand ~	手动泵;手压泵	pompe actionnée à la main par un levier
lime slurry ~	石灰浆泵	pompe à pâte de chaux
limed juice ~	石灰汁泵	pompe à jus de chaux

linters ~	短棉绒泵	pompe de linters
liquid ~	液体泵	pompe à liquide
liquid ejector ~	液体喷射泵	pompe à éjecteur liquide
liquid manure ~	液体肥料泵	pompe de fumier liquide
liquid manure spraying ~	液体肥料喷射泵	pompe de pulvérisation de fumier liquide
liquid oxygen ~	液氧泵	pompe d'oxygène liquide
liquid ring ~	液环泵	pompe à anneau liquide
liquid rocket turbo ~	液体火箭涡轮泵	turbo-pompe de fusées
loading ~	装载泵	pompe à chargement
lobe ~	罗茨泵	pompe "Roots"/pompes à lobes
lobed element ~	罗茨泵	pompe à éléments lobés
lobular ~	罗茨泵;[美]凸轮泵	pompe lobulaire
low pressure ~	低压泵	pompe à pression basse
low sound level ~	低噪音泵	pompe silencieuse
low specific speed ~	低比转速泵	pompe à faible vitesse spécifique
low-speed ~	低速泵	pompe à vitesse faible
lubricating ~	润滑剂泵	pompe lubrifiante
lubricating oil ~	滑油泵	pompe à huile lubrifiante
lye ~	耐碱泵	pompe à lessive
magnetic ~	磁泵;磁感应驱动泵	pompe magnétique
magnetic fluid actuating ~	磁蠕动泵	pompe magnétique à actionnement par un fluide
magnetically coupled gear ~	磁力联轴节齿轮泵	pompe magnétique couplée à l'engrenage
main ~	主泵	pompe principale
main circulating ~	主循环泵	pompe principale de circulation
mammoth ~	气举泵;气体升液泵	pompe à gas-lift
marine ~	船用泵	pompe marine

mechanical wood pulp ~	机械木浆泵	pompe à pulpe de bois mécanique
mechanically driven ~	机械驱动泵	pompe à actionnement mécanique
medical ~	医用泵	pompe médicale
medium specific speed ~	中比转速泵	pompe à vitesses spécifique moyenne
melt (liquor) ~	熔融液泵	pompe à fusion liquide
membrane ~ with pneumatic drive	气动隔膜泵	pompe à membranne d'entraînement pneumatique
mercury air ~	汞(蒸汽)泵	pompe à mercure
mercury diffusion ~	汞扩散泵	pompe à diffusion
mercury ejector ~	汞喷射泵	pompe à éjection de mercure
mercury jet ~	汞蒸汽喷射泵	pompe à éjection de mercure
mercury vapour jet ~	汞蒸汽喷射泵	pompe à éjection de la vapeur de mercure
metering ~	计量泵	pompe de mesure
metering pulse ~	脉动计量泵	pompe de mesure d'impulsion
micro-metering ~	微计量泵	pompe de mesure micro
middle pressure ~	中压泵	pompe de pression moyenne
milk of lime ~	石灰乳泵	pompe à lait de chaux
mine ~	矿用泵	pompe de mine
mine drainage ~	矿井排水泵	pompe de drainage de mine
mixed flow ~	混流泵	pompe hélicocentrifuge/pompe mixte
mixed flow ~ with adjustable (or variable) pitch blades	可调式混流泵	pompe mixte à aubes variables
mixed flow ~ with blades adjustable in operation	全可调式混流泵	pompe mixte avec aubes ajustables en opération
mixed flow ~ with blades adjustable when stationary	半可调式混流泵	pompe mixte avec aubes ajustables stationnaires
mixing ~	混料泵	pompe de mélange
mobile ~	可移式泵	pompe mobile

model ~	模型泵	pompe modèle
moderate- speed centrifugal ~	中速离心泵	pompe centrifuge à vitesse modérée
molasses ~	糖蜜泵	pompe de mélasse
molecular air ~	分子空气泵	pompe moléculaire à air
molecular drag ~	分子空气泵	pompe à traînée moléculaire
monitor ~	水力采煤泵	pompe de surveillance
mono ~	单螺杆泵	pompe unicellulaire
monoblock ~	直联泵;单体泵	pompe monobloc
monoblock scoop ~	单体斗式泵	pompe monobloc de cuillère
motor driven ~	电动泵	pompe à moteur
multi cell ~	泵组	pompe à cellules multiples
multi channel impeller ~	多流道叶轮泵	pompe à roue à multiples canaux
multi cylinder (reciprocating) ~	多缸往复泵	pompe à cylindre multiple alternatif
multi discharge ~	多出口泵	pompe à décharge multiple
multi flow ~	多流式泵	pompe à flux multiple
multi lobe ~	多凸轮泵	pompe à lobes multiples
multi plunger ~	多柱塞泵	pompe à plongeur multiple
multi screw ~	多螺杆泵	pompe à vis multiple
multi throw crank ~	多缸曲柄泵	pompe à manivelle de vilebrequin multiple
multi throw (reciprocating) ~	多缸往复泵	pompe à cylindre multiple alternatif
multinozzle jet ~	多喷嘴喷射泵	pompe à réaction de multibuse
multiple gear ~	多齿轮泵	pompe à engrenages multiples
multiplex ~	多缸曲柄泵	pompe multiple
multipurpose ~	多用泵	pompe multi-usages
multistage ~	多级泵	pompe multiétages
multistage ~ with single impeller	单叶轮多级泵	pompe à plusieurs étages avec monorotor

multistage jet ~	多级喷射泵	pompe à plusieurs étages à réaction
multistage segmental type ~	分段式多级泵	pompe à plusieurs étages à segments
multistage turbine ~	[美]分段式多级泵	turbine pompe à plusieurs étages
multistage vertical turbine ~	[美]长轴深井泵	turbines pompe verticales à plusieurs étages
natrium ~	钠泵	pompe à sodium
non-clog(ging) ~	无堵塞泵	pompe non bouchée
nontacting sealed self-priming ~	无接触密封自吸泵	pompe scellée d'auto-amorçage sans contact
non-hermetic screw ~	非密闭式螺杆泵	pompe à vis non hermétique
obleque plate ~	斜板泵	pompe à aubes inclinées
oil ~	油泵	pompe à huile
oil burner ~	燃油喷射泵	pompe à brûleur d'huile
oil cooler ~	油冷却泵	pompe de refroidisseur d'huile
oil diffusion ~	油扩散泵	pompe de diffusion d'huile
oil ejector ~	油喷射泵	pompe à éjecteur d'huile
oil ejector booster ~	油喷射增压泵	pompe de surpression à éjecteur d'huile
oil field ~	油田泵	pompe de champ pétrolifère
oil line ~	输油管线泵;管线泵	pompe de conduite d'huile
oil refinery ~	炼油厂泵	pompe de raffinerie de pétrole
oil tanker's ~	油轮用泵	pompe de pétrolier
oil vapour jet ~	油蒸汽喷射泵	pompe à jet de vapeur d'huile
opposed piston ~	对置活塞泵	pompe à pistons opposés
ordinary ~	通用泵	pompe à usage général
ore washing ~	洗矿用泵	pompe de lavage de minerai
oscillating displacement ~	往复泵	pompe à mouvement oscillant
paper stock ~	纸浆泵	pompe de pâte à papier

paramagnetic oxygen ~	顺磁性氧气泵	pompe paramagnétique de l'oxygène
partial emission ~	切线增压泵;部分流泵	pompe à émission partielle
partial load ~	(主机)部分负荷泵	pompe à charge partielle
peak load ~	高峰负荷泵	pompe de charge maximale
pedestal mounted ~	托架固定泵	pompe fixée sur un socle
peripheral ~	旋涡泵	pompe périphérique
peripherally ported radial piston ~	外配流径向活塞泵	pompe périphérique à piston radial
peristaltic ~	软管泵;蠕动泵	pompe péristaltique
petrol station ~	加油站泵	pompe de station-service
petroleum ~	石油泵	pompe pétrolière
piezoelectric ~	压电泵	pompe piézoélectrique
pintle valve radial piston ~	轴配流径向活塞泵	pompe à piston radial sur un axe de soupape
pipeline ~	输油管线泵;管线泵	pompe de pipeline
pipeline canned motor ~	管道屏蔽泵	pompe de pipeline à moteur intégré
pipeline mounted ~	管道泵	pompe pour pipelines
pipeline mounted ~ with screwed connections	螺纹连接管道泵	pompe intégré de pipeline avec écrous
pipeline mounted ~ with welded connections	焊接管道泵	pompe intégré de pipeline avec des liaisons soudées
piston ~	活塞泵	pompe à piston
piston ~ with rotary gate	回转滑阀活塞泵	pompe à piston rotatif
piston ~ with shakeable cylinder	摆动缸活塞泵	pompe à piston avec cylindre ballant
piston diaphragm ~	活塞隔膜泵	pompe à membrane
piston metering ~	活塞计量泵	pompe à piston
pit ~	矿井泵	pompe de puits de mine
pit barrel ~	矿井筒袋泵	pompe de puits de mine

pivotal vane centrifugal ~	可调叶片离心泵	pompe centrifuge à aube en pivot
plastic ~	塑料泵	pompe en plastique
plastic lined ~	衬塑料泵	pompe doublée en plastique
plunger ~	柱塞泵	pompe à plongeur
plunger metering ~	柱塞计量泵	pompe de plongeur
pneumatic ~	风动泵	pompe pneumatique
port plate axial piston ~	配流盘式轴向活塞泵	pompe à piston axial
portable ~	可移式泵	pompe portable
portable canned motor ~	可携式屏蔽电泵	pompe portable à moteur intégré
portable fire（fighting）~	可移式消防用泵	pompe portable à incendie
positive displacement ~	容积泵	pompe volumétrique
positive rotary ~	回转容积泵	pompe volumétrique rotative
power ~	动力往复泵;曲柄泵	pompe de puissance
power station ~	电厂泵	pompe de centrale électrique
pressure-balanced gear ~	压力补偿齿轮泵	pompe d'engrenages équilibrées en pression
pressure-compensated gear ~	压力补偿齿轮泵	pompe d'engrenages compensées en pression
pressure oil ~	压力油泵	pompe de pression d'huile
primary coolant booster ~	主冷却剂增压泵	pompe de réfrigérant principal de surcom pression
priming ~	起动用罐水泵	pompe d'amorçage
process ~	流程泵	pompe de process
product ~	产品泵;物料泵	pompe de produit
propeller ~	推进泵;旋桨泵	pompe hélice
propeller ~ with adjustable (or variable) pitch blades	可调式轴流泵	pompe hélice à pas variable

propeller ~ with reversible blades	可逆叶片轴流泵	pompe hélice avec pales réversibles
proportioning ~	比例泵	pompe de dosage
pull-out type ~	转子可抽出式泵	pompe de rotor du type à tirage
pulp ater ~	浆料泵	pompe alimentaire
pulp water ~	纸浆水泵;浆水泵	pompe à papier
pulsating (chamber) ~	脉冲容积泵	pompe avec la chambre à pulsation
radial flow (centrifugal) ~	径流泵	pompe centrifuge à radial
radial piston eccentric ~	偏心径向活塞泵	pompe à piston radial excentrique
radial piston ~	径向活塞泵	pompe à piston radial
radial piston ~ with exterior admission	外配流径向活塞泵	pompe à piston radial avec l'admission externe
radial piston ~ with interior admission	内配流径向活塞泵	pompe à piston radial avec l'admission interne
radial plunger ~	径向柱塞泵	pompe radial immergée
radially split ~	分段泵;径向剖分泵	pompe séparée
ram ~	柱塞泵	pompe à vérin
raw juice ~	原汁泵	pompe à jus brut
raw juice circulating ~	原汁循环泵	pompe à circulation à jus brut
raw liquor ~	粗糖泵;原液泵	pompe de liqueur brute
raw sewage ~	原生污水泵	pompe à eaux usées brutes
raw sludge ~	原生污泥泵	pompe de boues brutes
raw water service ~	清水泵;供水泵	pompe à eau brute
reactor ~	反应堆泵	pompe de réacteur
reciprocating ~	往复泵	pompe alternative
reciprocating ~ with counterrunning piston	对向活塞泵	pompe alternative avec piston en opposition

reciprocating ~ with pistons in V-type arrangement	V 型活塞泵	pompe alternative avec piston de type d'arrangement en V
reciprocating ~ with unidirectional piston	单向活塞泵	pompe alternative avec piston unidirectionnel
recycle ~	再循环泵	pompe de recyclage
reflux ~	回流泵	pompe de reflux
refrigerating medium ~	冷煤泵	pompe de milieu réfrigérant
regenerative ~	旋涡泵	pompe régénérative
resonance diaphragm ~	谐振隔膜泵	pompe de résonance du dia-phragme
return sludge ~	回流污泥泵	pompe de boues activées de retour
reversible ~	可逆泵	pompe réversible
reversible screw ~	可逆式螺杆泵	pompe à vis réversible
rocker arm ~	变行程往复泵	pompe à bras oscillant
rocking arm ~	杆式泵	pompede à bras à bascule
rocking pintle piston ~	扭转活塞泵	pompe à piston en pivot à bas-cule
roller ~	滚轮泵	pompe à rouleau
roller vane ~	转子滑片泵	pompe de rouleau des aubes
rolling piston radial ~	径向旋转活塞泵	pompe à piston radial rotatif
rolling vane ~	回转滑片泵	pompe à roulement d'aube
Root's vacuum ~	罗茨真空泵	pompe à vide de type Root
rotary ~	回转泵	pompe rotative
rotary-block radial ~	缸体旋转式径向活塞泵	pompe à bloc rotatif radial
rotary-displacement ~	回转式容积泵	pompe volumétrique rotative
rotary metering ~	回转式计量泵	pompe rotative
rotary piston ~	回转式活塞泵	pompe rotative à piston
rotary piston ~ with slide gate	滑阀式回转活塞泵	pompe rotative à piston avec vanne à glissières
rotary piston libe type ~	罗茨泵;凸轮泵	pompe rotative à piston avec came

rotary plunger ~	回转式柱塞泵	pompe rotative immergée
rotary vaccum ~	回转式真空泵	pompe rotative à vide
rotary vaccum ~ with liquid piston	液体活塞式转子真空泵	pompe rotative à vide avec piston de liquide
rotary vane ~	回转式滑片泵	pompe rotative à aubes
rotary vane vaccum ~	回转式叶片真空泵	pompe rotative à vide
rotating vane ~	回转式滑片泵	pompe à aubes rotatives
rotative reciprocating ~	曲柄泵	pompe rotative alternative
rotodynamic ~	叶片泵	pompe rotodynamique
rotoplunger ~	梭心转子泵	pompe à rotor immergée
rotor ~	转子泵	pompe à rotor
rotor diaphragm ~	转子隔膜泵	pompe à rotor de diaphragme
rubber lined ~	衬胶泵	pompe à garniture en caoutchouc
rubber lined vaccum ~	衬胶真空泵	pompe à vide de garniture en caoutchouc
salvage ~	救助泵	pompe de sauvetage
sand ~	沙泵	pompe à sable
sanitary ~	卫生泵	pompe sanitaire
scoop ~	斗式泵	pompe à augets
screw ~	螺杆泵	pompe à vis
screw ~ with square thread	方形螺杆泵	pompe à vis avec filet carré
screw vane ~	螺旋形滑片泵	pompe à vis d'aube
sea water ~	海水泵	pompe à l'eau de mer
sealed screw ~	密闭式螺杆泵	pompe à vis scellée
sediment ~	沉积物泵	pompe à sédiment
seed(ing) sludge ~	腐泥引进泵;接种污泥泵	pompe de traitement de boue
segmental type ~	分段式多级泵	pompe segmentaire
self-filling ~	自灌泵	pompe auto-remplissable

self-priming ~	自吸泵	pompe auto-amorçable
self-priming ~ with inner recirculation	内混合型自吸泵	pompe auto-amorçable avec recirculation interne
self-priming ~ with outer recirculation	外混合型自吸泵	pompe auto-amorçable avec recirculation externe
self-priming ~ with recirculation	混合型自吸泵	pompe auto-amorçable avec recirculation
self-priming peripheral ~	自吸旋涡泵	pompe auto-amorçable périphérique
semi-axial flow ~	混流泵	pompe à flux semi-axial
semi-axial flow ~ with adjustable (or variable) pitch blades	可调式混流泵	pompe à flux semi-axial avec pales à pas variable
semi-rotary (wing) ~	摆动泵	pompe semi-rotative
separate valve box type piston ~	分置阀室式活塞泵	pompe à piston à boîte séparée
service ~	值勤泵	pompe de service
sewage ~	污水泵	pompe à eaux usées
sewage broad irrigation ~	污水泛灌泵	pompe d'irrigationd des eaux usées
sewage irrigation spray ~	污水喷灌泵	pompe d'irrigation par aspersion des eaux usées
shaft ~	矿井泵	pompe de puits de mine
shallow well ~	浅井泵	pompe de puits faible profondeur
ships ~	船用泵	pompe de bateau
shuttle-block ~	梭心转子泵	pompe à rotor atractoïde
side channel ~	侧流道泵	pompe à canal latéral
side pot type piston ~	分置阀式活塞泵	pompe à piston latéral avec pot d'injection
side suction ~	侧吸泵	pompe à aspiration latérale
simplex power ~	单缸曲柄泵	pompe de puissance simplex
simplex steam ~	单缸蒸汽直动泵	pompe de valeur simplex
single power ~	［美］单缸曲柄泵	pompe de puissance unique

single steam ~	［美］单缸蒸汽直动泵	pompe à valeur unique
single action piston ~	单作用活塞泵	pompe à piston à action unique
single action vane ~	单作用滑片泵	pompe monoaubé à action
single cell vane ~	单作用滑片泵	pompe à aube unicellulaire
single channel impeller ~	单流道叶轮泵	pompe à roue simple canal
single cylinder (reciprocating) ~	单缸往复泵	pompe à monocylindre alternatif
single entry ~	单吸泵	pompe à simple entrée
single lobe ~	单凸轮泵	pompe à lobe unique
single plunger ~	单柱塞泵	pompe immergée unique
single stage ~	单级泵	pompe monoétage
single suction ~	单吸泵	pompe d'aspiration monoétage
sinking ~	吊泵	pompe de grue
skid mounted ~	撬式泵;滑移泵	pompe à dérapage
skirt mounted ~	灯笼架支承泵	pompe du support de la lanterne
sliding vane ~	滑片泵	pompe à palettes coulissantes
sliding vane vacuum ~	滑片真空泵	pompe de vide à palettes coulissantes
slipper ~	滑履式泵	pompe de pantoufle glissant
sludge ~	污泥泵	pompe à boue
sludge liquor ~	浆液泵;污泥液泵	pompe à boue liquide
slurry ~	浆液泵	pompe de lessive boueuse
small load ~	（主机）低负荷泵	pompe de chargement bas
soft rubber lined ~	衬软胶泵	pompe à garniture en caoutchouc souple
solid (handling) ~	固体输送泵	pompe de manutention de matières solides
sorption ~	吸收泵	pompe de sorption
spare ~	库存泵;备用泵	pompe de rechange

spary ~	喷洒泵;喷淋泵	pompe d'aspersion
spary pond ~	喷淋池泵	pompe de bassin d'aspersion
sprinkler system supply ~	消防喷淋系统供水泵	pompe de système d'alimentation de gicleurs
spur gear ~	正齿轮泵	pompe à engrenage droit
square thread screw ~	矩形螺杆泵	pompe à filetage de vis carrée
stage casing ~	分段式多级泵	pompe gigogne segmentée
stainless steel ~	不锈钢泵	pompe en acier inoxydable
standard ~	标准泵	pompe standard
stand-by ~	备用泵	pompe de secours
stand-by circulating ~	备用循环泵	pompe de circulation de rechange
starting up ~	起动用泵	pompe de démarrage
starting up stand-by ~	起动备用泵	pompe de démarrage de rechange
stationary ~	固定式泵	pompe stationnaire
steam ~	蒸汽泵	pompe à vapeur
steam jet ~	蒸汽喷射泵	pompe à jet de vapeur
steam jet vaccum ~	蒸汽喷射真空泵	pompe à vide à jet de vapeur
stock drain water ~	纸浆废水泵	pompe pour eaux usées de pâte à papier
stock water ~	纸浆稀释水泵	pompe à pâte à papier diluée
storage ~	蓄能泵	pompe de stockage
storm water ~	暴雨排水泵	pompe à eaux d'orage
straight through type piston ~	直通活塞泵	pompe à piston droit
straight way type piston ~	［美］直通活塞泵	pompe à piston direct
straw pulp ~	草浆泵	pompe à pâte de paille
stripping ~	扫仓泵;清仓泵	pompe à décapage
sublimation ~	升华泵;提纯泵	pompe de sublimation
submerged ~	潜水泵	pompe submergée

submerged screw ~	潜液式螺杆泵	pompe submergée à vis
suction booster ~	吸入增压泵	pompe à aspiration de surcompression
suction box water ~	吸水箱水泵	pompe à aspiration de réservoir d'eau
suds ~	冷却乳剂泵;肥皂液泵	pompe d'eau savonneuse
sugar liquor ~	糖汁泵	pompe de sirop
sump ~	凹坑排水泵	pompe à puisard
sundyne ~	切线增压泵;部分流泵	pompe tangentielle de surcompression
super cavitation ~	超汽蚀泵	pompe super cavitante
supernatant liquor ~	清泥液泵	pompe à liquide à surface libre
super-pressure ~	超高压泵	pompe de hyperpression
supersonic ~	超声速泵	pompe supersonique
surface wash ~	表洗泵	pompe de lavage en surface
suspended ~	悬挂式泵	pompe suspendue
suspension ~	悬浮液泵	pompe à suspension
swash plate operated (reciprocating) ~	斜盘式(往复)泵	pompe alternative à aubes inclinées
swing gate piston ~	摆阀式活塞泵	pompe à piston à barrière pivotante
swinging vane ~	摆动滑片泵	pompe à aube oscillante
syrup (extraction) ~	糖浆泵	pompe d'extraction du sirop
tailings ~	尾矿泵	pompe à résidus miniers
tank drainage ~	罐柜抽泄泵	pompe de drainage du réservoir
tank residue ~	油罐残油泵	pompe de résidu des réservoirs d'huile
tanker ~	油罐车泵	pompe de camion-citerne
tannery fleshings ~	鞣革液泵	pompe de tannerie
telemotor ~	伺服系统油泵	pompe de télémoteur
thermoelectromagnetic ~	热电磁泵	pompe thermo élelectromagnétique

thick sludge ~	沉积物泵	pompe à sédiment
three cell vane ~	三作用滑片泵	pompe à aubes en trois cellules
three channel impeller ~	三流道叶片泵	turbine-pompe à trois canaux
three cylinder reciprocating ~	三缸往复泵	pompe à trois cylindres alternatifs
three lobe ~	三叶凸轮泵	pompe à trois lobes
three screw ~	三螺杆泵	pompe à trois vis
three throw crank ~	三缸曲柄泵	pompe à trois cylindres de vilebrequin
three throw reciprocating ~	三缸往复泵	pompe alternative à trois cylindres
tilting cylinder block type axial plunger ~	斜缸型轴向柱塞泵	pompe immergée axial du bloc-cylindres d'inclinaison
titanium alloy ~	钛合金泵	pompe à alliage de titanes
top inlet ~	顶端吸入泵	pompe d'entrée
top return ~	回流泵	pompe de retour
top suction ~	顶端吸入泵	pompe à aspiration
torque flow ~	旋流泵;土拉泵	pompe à rotatif
tractor ~	拖拉机泵	pompe de traction
transfer ~	驳运泵;输送泵	pompe de transfert
transportable ~	可移式泵	pompe transportable
trapezoid screw ~	梯形螺杆泵	pompe à vis trapézoïdale
treble ram ~	三柱塞泵	pompe à triples poinçons
trench ~	基坑排水泵	pompe de tranchée
trimming ~	纵倾平衡泵	pompe d'ébarbage
triple plunger ~	三柱塞泵	pompe immergée triple
triplex ~	三缸曲柄泵	pompe de triplex
trochoid rotor ~	次摆线转子泵	pompe à rotor de trochoïde
trochoid screw ~	次摆线螺杆泵	pompe à vis de trochoïde
tubewell ~	管式深井泵	pompe tubulaire de puisard

tubular type axial flow ~	管流泵;直管轴流泵	pompe tubulaire à flux axial
turbine ~	泵-水轮机	turbine-pompe
turbine ~ with reversible blades	叶片可逆转的泵-水轮机	turbine-pompe à pales réversibles
turbine driven ~	汽轮机驱动泵	pompe entraîné par une turbine
turbine feed ~	汽轮机直联给水泵	pompe d'alimentation de turbine
turbo ~	叶片泵	turbo pompe
turf ~	泥煤泵	pompe à charbon de terre
turo ~	土拉泵;旋流泵	pompe de courant vertigineux
turret type piston ~	[美]阀箱式活塞泵	pompe à piston de type tourelle
twin cylinder reciprocating ~	双缸往复泵	pompe à cylindres doubles alternatifs
twin lobe ~	双凸轮旋转活塞泵	pompe à lobes doubles
twin vane ~	双滑片泵	pompe à aubes doubles
two cell vane ~	双作用滑片泵	pompe d'aubes à double action
two cylinder reciprocating ~	双缸往复泵	pompe à cylindres doubles alternatifs
two diaphragm ~	双隔膜泵	pompe à deux diaphragmes
two rotor radial piston ~	双转子径向活塞泵	pompe à piston radial à deux rotors
two screw ~	双螺杆泵	pompe à deux vis
two stage ~	两级泵	pompe à double train
ultrahigh vacuum ~	超高真空泵	pompe à ultravide
unchokeable ~	无堵塞泵	pompe non bouchée
unit construction ~	直联泵	pompe unitaire
universal ~	通用泵	pompe à usage général
vacuum ~	真空泵	pompe à vide
vacuum displacement ~	容积式真空泵	pompe à vide de type cylindré

valve box type piston ~	阀室式活塞泵	pompe à piston à boîte à valve
valve deck plate type piston ~	阀板式活塞泵	pompe à piston de type de planchette de vanne
valve plate axial piston ~	配流盘式轴向活塞泵	pompe à piston axial à plaque de vanne
valve plate type piston ~	[美]阀板式活塞泵	pompe à piston à plaque de vanne
valve spindle radial piston ~	轴配流径向活塞泵	pompe à piston radial de soupape
valve type piston ~	阀形活塞泵	pompe à piston de soupape
valveless ~	无阀泵	pompe sans soupape
valveless diaphragm ~	无阀隔膜泵	pompe à diaphragmes sans soupape
valveless vibration ~	无阀振动泵	pompe de soupapeanti-vibration
vane ~	叶片泵	pompe à aubes
variable area ratio jet ~	变量喷射泵	pompe à injection variable
variable capacity ~	变量泵	pompe à capacité variable
variable capacity screw ~	变量螺杆泵	pompe à vis à capacité variable
variable output ~	变量泵	pompe à sortie variable
variable reluctance motor ~	可变磁阻电动机泵	pompe à moteur de réluctance variable
variable speed ~	变速泵	pompe à vitesse variable
variable stroke reciprocating ~	变行程往复泵	pompe à course variable alternative
vertical ~	立式泵	pompe verticale
vertical barrel ~	立式筒袋泵	pompe à puisard
vertical frame mounted ~	立式框架固定泵	pompe fixée en forme de cadre vertical
vertical process ~	立式流程泵	pompe de process verticale
vertical turbine ~	深井泵	turbine-pompe verticale
viscose spinning ~	纺丝泵	pompe à filage de viscose

volute ~	蜗壳泵	pompe à volute
vortex ~	旋涡泵	pompe à tourillons
vortex ~ with open impeller	开式旋涡泵	pompe à vortex avec turbine ouverte
vortex ~ with shrouded impeller	闭式旋涡泵	pompe à vortex avec turbine enveloppée
V-type piston ~	V 型活塞泵	pompe à piston en V
walking beam ~	杆式泵	pompe à balancier
wall mounted ~	壁式泵	pompe montrée contre un mur
warm water ~	温水泵	pompe à eau chaude
washery ~	清洗泵	pompe de lavage
washing ~	清洗泵	pompe de nettoyage
waste paper pulp ~	废纸浆泵	pompe à pâte à vieux papiers
waster water ~	污水泵	pompe à eaux usées
water ~	水泵	pompe à eaux
water conveying ~	供水泵	pompe d'alimentation d'eau
water jet ~	水喷射泵	pompe à jet d'eau
water jet propulsion axial flow ~	喷水推进轴流泵	pompe axiale à propulsion par jet d'eau
water ring ~	水环泵	pompe à anneau liquide
water ring vaccum ~	水环真空泵	pompe de vide à anneau liquide
water service ~	自来水泵	pompe de service hydraulique
water supply ~	供水泵	pompe d'approvisionnement en eau
wear resisting ~	耐磨泵	pompe résistante à l'usure
Westco ~	［美］旋涡泵	pompe Westco
wet motor ~	湿式电动机泵	pompe immergée à moteur
wet pit ~	［美］湿坑泵	pompe à fosse humide
wet sump ~	湿坑泵	pompe à puisard humide
wet vacuum ~	湿式真空泵	pompe à vide humide

wheel and bucket ~	斗轮水车;戽斗水车	pompe à aujets
windmill (driven) ~	风车驱动泵	pompe actionnée par éoliennes
wobble plate axial piston ~	斜盘式轴向活塞泵	pompe à piston axial incliné
wood pulp ~	木浆泵	pompe à pâte à bois
wood stock ~	木浆泵	pompe à pâte à bois

Q **quadrant** 象限 **quadrant**

quality 质量 **qualité**

quantity 量;数量 **quantité/valeur**

~ of evaporation	蒸发量	quantité d'évaporation
~ of leakage	泄漏量	quantité de fuite
approximate ~	近似值	valeur approximative
critical ~	临界值	valeur critique
digital ~	数值	valeur digitale
dimensionless ~	无因次量	valeur sans dimension
nondimensional ~	无因次量	valeur adimensionnée
vector ~	矢量;向量	valeur du vecteur

quenching 淬火 **trempage**

quenching-liquid 淬冷液体 **liquide de trempage**

quotient 商 **quotient**

R **rack** 架;机架 **porte-équipement**

radian 弧度 **radian**

radiation 辐射;放射;射线 **radiation**

heat ~	热辐射;辐射传热	radiation thermique

radiator 散热器;辐射器 **radiateur**

radius 半径 **rayon**

~ of curvature	曲率半径	rayon de courbure

hydraulic ~	水力半径	rayon hydraulique
raining	降雨	**pluie**
artificial ~	人工降雨	pluie artificielle
rake	倾度;倾角	**angle d'inclinaison**
ram	柱塞;冲压;冲头	**perce**
hydraulic ~	水锤泵	perce hydraulique
self-acting hydraulic ~	自动水锤泵	perce hydraulique automatique
valve-controlled hydraulic ~	阀控水锤泵	perce hydraulique contrôlée par la valve
range	范围;距离;列	**portée/échelle**
effective ~	有效范围	échelle effective
measuring ~	测量范围;量积	échelle de mesure
scale ~ (of an instrument)	测量范围;量积	échelle des instruments utilisés
speed ~	速度范围	échelle de vitesse
useful ~	有效范围	échelle utile
working ~	工作区域	échelle de travail
ratchet	棘轮;棘爪;棘轮机构	**roue à rochet**
rate	率;比率;等级	**proportion/niveau/débit/ quantité**
~ of discharge	流量	débit de décharge
~ of volume flow	体积流量	débit de volume d'écoulement
heat transfer ~	传热系数	débit de transfert de chaleur
flow ~	流量	débit d'écoulement
flow ~ of volume	体积流量	débit volumique
volumetric flow ~	体积流量	débit volumétrique
rating	名义参数;额定值	**nominal**
ratio	比率;比	**rapport**
amplitude ~	振幅比	rapport d'amplitude
area ~	面积比	rapport de surface

aspeet ~	展弦比;相对翼展	rapport dimentionnel
chord-spacing ~	叶栅稠密度	rapport de corde de l'espacement
compression ~	压缩比	rapport de compression
contraction ~	收缩比	rapport de contraction
damping ~	阻尼比;衰减比	rapport d'amortissement
density ~	相对密度	rapport de densité
impeller hub ~	叶轮轮毂比	rapport de moyeu de roue
impelling ~	作用系数;推动系数	rapport de propulsion
inlet (or inlet-duct) velocity ~	进口速度比	rapport de vitesse d'entrée
lift-drag ~	升阻比	rapport portance-traînée
mixture ~	混合比	rapport de mélange
reacting	反作用;反应;反馈	**réactif**
reaction	反作用;反应;反馈	**réaction**
chemical ~	化学反应	réaction chimique
turbine ~	涡轮反应	turbine à réaction
reactor	反应器;反应堆	**réacteur**
atomic ~	原子反应堆	réacteur atomique
reading	读数;读	**lecture**
recess	加深;凹座;凹槽;切口;退刀槽	**renfoncement**
valve seat ~	阀座槽	renfoncement de siège de soupape
recirculation	回流	**courant de retour**
recorder	记录器	**enregistreur**
direct-writing ~	直接记录式记录器	enregistreur à écriture directe
time ~	记时器	chronomètre
ultraviolet ~	紫外线记录仪	chronomètre à ultraviolet
rect	矩形	**rectangle**
rectifier	整流器;精馏器;矫正仪	**rectificateur**

reducer	锥形管;收缩管;渐缩管;减压管;减速器;还原剂	**réducteur**
region	区域;范围;区间	**zone**
dead water ~	死水区	zone des eaux mortes
laminar（flow）~	层流区(域)	zone de flux laminaire
turbulent（flow）~	湍流区域	zone de turbulence
regularity	规律性;规则性	**régularité**
regulation	调节;调整;控制	**régulation**
hand ~	手调	réglementation manuelle
regulator	调节器	**régulateur**
grease ~	干油调节器	régulateur de graisse
pressure ~	调压器	régulateur de pression
relation	关系;关系式;关系曲线	**relation**
affinity ~	相似关系	relation analogue
relationship	关系;媒质;关系式	**relation/equation**
linear ~	线性关系	équation linéaire
relay	继电器	**relais**
release	释放;释放器	**déclencheur**
water ~	泄水	déclencheur de l'eau
reliability	可靠性;安全性	**fiabilité**
repair	修理;修正;检修	**réparation**
current ~	小修;日常维修	réparation courante
minor ~	小修;日常维修	réparation de routine
routine ~	小修;日常维修	réparation ordinaire
running ~	小修;日常维修	réparation en cours
requirement	要求;需要;需要量;需要条件	**exigence**
net positive suction head ~	必需汽蚀余量	hauteur requise positive nette à l'aspiration
reservoir	水池;容器;油箱	**réservoir**

pure water ~	净水池	réservoir d'eau propre
service ~	配水池	réservoir de service
resin	树脂;松香	**résine**
acrylic ~	丙烯酸树脂	résine acrylique
aldehyde ~	聚醛树脂	résine d'aldéhyde
alkide ~	醇酸树脂	résine d'alkyde
alkyd ~	醇酸树脂	résine d'hydroxycarboxylique
aniline ~	苯胺树脂	résine d'aniline
coumarone ~	香豆酮树脂;苯并呋喃树脂	résine de benzofurane
epoxide ~	环氧树脂(阿拉代)	résine époxyde
epoxy ~	环氧树脂(阿拉代)	résine époxy
heat-hardening ~	热固(性)树脂	résine thermodurcissable
natural ~	天然树脂	résine naturelle
nylon ~	尼龙树脂	résine de nylon
phenol formaldehyde ~	苯酚甲醛树脂	résine phénol formaldéhyde
phenolic ~	酚醛树脂	résine de phénol
polyacrylic ~	聚丙烯酸树脂	résine polyacrylique
polyester ~	聚酯树脂	résine polyester
polystyrene ~	聚苯乙烯树脂	résine de polystyrène
polyvinyl acetate ~	醋酸聚乙烯脂	résine d'acétate de polyvinyle
silicone ~	硅酮树脂;有机硅树脂	résine de silicones
synthetic ~	合成树脂;人造树脂	résine synthétique
thermosetting ~	热固(性)树脂	résine thermodurcissable
urea ~	尿素树脂	résine uréique
vinyl ~	乙烯树脂	résine éthénoïdes
resistance	阻力;电阻	**résistance**
air ~	空气阻力	résistance de l'air
eddy-making ~	旋涡阻力;造涡阻力	résistance de tourbillon

frontal ~	迎面阻力;正面阻力	résistance frontale
head ~	迎面阻力;正面阻力	résistance
leading-end ~	迎面阻力;正面阻力	résistance de survol d'attaque
resistor	电阻器	**résistance**
starting ~	起动电阻器	résistance de démarrage
resolution	分解;解决;决定	**résolution**
resonance	共振;谐振;共鸣	**résonance**
result	结果;成效	**résultat**
testing ~	试验结果	résultat d'essai
resultant	合成;合成量;合力	**résultante**
~ of forces	合力	effort résultant
retainer	止动器;挡板;护圈	**verrou**
grease ~	脂油集油盘;护脂圈	verrou graissé
retardation	减速;减速作用;延迟	**retardement**
return	返回;回程	**retour**
revolution	旋转;转动	**révolution/nombre de tours**
~ per minute	每分钟转速	nombre de tours par minute
~ per second	每秒钟转速	nombre de tours par seconde
critical ~	临界转速	nombre de tours critique
rated ~	额定转速	nombre de tours nominal
rheostat	变阻器;电阻箱	**rhéostat**
starting ~	起动变阻器	rhéostat de démarrage
rib	筋	**nervure**
guide ~	导向叶片;导向筋	nervure guide
rig	装置;装配	**installation**
rigidity	刚性;刚度	**rigidité**
ring	环;圈;振铃	**anneau/bague**
backing ~	垫环	bague support
balancing ~	平衡板;[美]平衡盘座	bague d'équilibrage

bucket ~	泵体口环	bague d'auget
casing wear ~	活塞环	bague de piston
diaphragm clamping ~	隔膜固定环	bague de diaphragme
diffusion vane ~	导叶片	bague de diffuseur aubé
distance ~	定位环;隔环;挡圈	bague d'entretoise
felt ~	毡垫	bague de feutre
impeller ~	叶轮口环	bague de roue
impeller wear ~	叶轮口环	anneau de la turbine
inlet ~	吸入环	anneau d'entrée
joint ~	密封环;连接环	joint torique
junk ~	填料垫环	joint ferraille
labyrinth ~	迷宫环	joint de labyrinthe
lantern ~	水封环	joint de lanterne
oil ~	溅油环;油环	joint d'huile
oil thrower ~	甩油环	joint d'huile
packing ~	填料垫环	bague de garniture
piezometer ~	均压环;环形液压计	bague de piézomètre
piston ~	活塞环	joint de piston
retaining ~	卡环;锁紧环;扣环	bague de retenue
rotating seal（face）~	动环(机械密封)	anneau à joint rotatif
round section joint ~	O 形圈	anneau à joint rond
shoulder ~	轴肩挡圈	bague d'épaulement
slip ~	集流环;滑环	bague de glissement
spacer ~	隔环;定位环	bague d'entretoise
stationary seal（face）~	静环(机械密封)	bague à joint stationnaire
support ~	垫环;支撑环	bague de soutien
taper lock ~	锥形锁紧环	bague à verrou conique
thrust ~	推力环	bague de poussée
water sealing ~	水封环	bague d'étanchéité à l'eau

rivet	铆钉;铆接	**joint de rivets**
rod	杆	**tige/barre/siège**
conn ~	连杆	barre
connecting ~	连杆	barre de connexion
driving ~	摇杆;传动杆	barre de conduite
lateral driving ~	侧驱动杆	barre de commande latérale
link ~	副连杆;连杆	barre de liaison
pump ~	活塞杆	barre de pompe
tension ~	拉杆	barre de traction
tie ~	连接杆	barre de lien
torque ~	扭力杆	barre de couple
valve ~	阀杆	barre de soupape
valve operating ~	阀操纵杆	barre de commande de soupape
valve tail ~	阀导杆	barre de queue de soupape
roller	滚柱;滚轮;滚筒;辊	**rouleau**
copy ~	靠模滚子	rouleau de copie
copying ~	靠模滚子	rouleau de reproduction
room	房间;室;场所	**chambre**
pump ~	泵房	chambre de pompe
root	根;根式;根部;根源	**racine**
mean square ~	均方根	racine quadratique moyenne
rope	绳;索;缆	**corde**
armoured ~	钢丝绳	corde raide
bucket ~	戽斗拉绳	corde d'auget
steel wire ~	钢丝绳	corde en acier
wire ~	钢丝绳	câble d'acier
rotation	旋转;转动	**rotation**
clockwise ~	顺时针方向旋转	rotation dans le sens horaire

counter clockwise ~	逆时针方向旋转	rotation dans le sens antihoraire
race ~	空转	rotation à vide
rotor	转子	**rotor**
helical ~	螺杆转子	rotor à vis
roughness	粗糙度;粗糙性	**rugosité**
absolute ~	绝对粗糙度	rugosité absolue
relative ~	相对粗糙度	rugosité relative
surface ~	表面粗糙度	rugosité de surface
rubber	橡胶	**caoutchouc**
chlorinated ~	氯化橡胶	caoutchouc chloré
cold ~	低温橡胶	caoutchouc à froid
crude ~	生橡胶;原胶	caoutchouc brut
hard ~	硬橡胶	caoutchouc dur
natural ~	天然橡胶	caoutchouc naturel
raw ~	生橡胶;原胶	caoutchouc brut
reclaimed ~	再生橡胶	caoutchouc régénéré
silicon ~	硅橡胶	caoutchouc en silicone
soft ~	软橡胶	caoutchouc mou
sponge ~	海绵橡胶	caoutchouc poreux
synthetic ~	合成橡胶	caoutchouc synthétique
urethane ~	尿脂橡胶	caoutchouc d'uréthane
vulcanized ~	硫化橡胶	caoutchouc vulcanisé
rule	规则;规范;尺	**règle**
~ of thumb	经验法则;螺旋法则	règle de pouce
right ~	右手定则	règle correcte
slide ~	计算尺	règle à calcul
thumb ~	螺旋法则	règle d'hélice
run	运行;操纵	**fonctionner**

runner	叶轮;转子;浇口	**rotor/roue**
running	工作;运转	**fonctionnement**
dry ~	干运转	fonctionnant à sec
rupture	破坏;断裂;折断	**rupture**
fatigue ~	疲劳破坏	rupture par fatigue
rust	锈;生锈	**rouille**
rusting	锈蚀	**rouiller**

S

salt	盐;食盐	**sel**
sample	试样;试件	**échantillon**
saturation	饱和	**saturation**
scale	尺度;比例;刻度;水垢;天平;等级	**échelle**
dimensionless ~	无量纲尺度	échelle adimensionnelle
water-level ~	水位标尺	échelle à niveau d'eau
schedule	计划;表	**calendrier**
scheme	草图;计划;方案	**schéma**
scoop	戽斗;洞;穴	**plateau**
oil ~	集油盘	plateau d'huile
scope	显示器;观测设备;范围	**portée/objectif**
scraping	刮研	**raclage**
screen	屏;幕;挡板;筛网;屏蔽	**écran**
damping ~	整流栅	déflecteurs-redresseurs
screw	螺钉;螺旋;螺旋桨;螺杆	**vis**
attachment ~	定位螺钉;连接螺钉	vis d'attache
clamp ~	夹紧螺钉	vis de serrage
driven ~	从动螺杆	vis entraînée
driving ~	主动螺杆	vis
fastening ~	压紧螺钉	vis de tension

fixing ~	定位螺钉	vis de foxation
forcing ~	圆柱销紧定螺钉	vis à tête cylindrique
grub ~	无头螺钉	vis mère
guide ~	丝杠;导(引)螺杆	vis de guidage
lift ~	起重螺栓	vis de levage
locating ~	锁紧螺钉	vis de positionnement
locking ~	锁紧螺钉	vis de verrouillage
packing-up ~	止动螺钉;定位螺钉	vis de repérage
positioning ~	止动螺钉;定位螺钉	vis de localisation
set ~	止动螺钉;定位螺钉	vis de fixation
stop ~	止动螺钉;定位螺钉	vis d'arrêt
tensioning ~	张紧螺钉	vis de tension
screw-driver	螺丝刀	**tournevis**
seal	封;封口;密封;密闭	**joint**
automatic ~	自紧密封	joint bloquant
float-ring ~	浮动环密封	joint annulaire flottant
git ~	径向皮碗密封	joint de manchon à direction radiale
grease ~	润滑脂密封	joint de graisse
labyrinth ~	迷宫密封	joint du labyrinthe
liquid ~	水封	joint liquide
mechanical ~	机械密封	joint mécanique
oil ~	油封	joint à huile
packing ~	填料密封	joint d'étanchéité
pressure ~	自紧密封	joint par pression
pressure-energized ~	自紧密封	joint comprimé par la pression
radial lip ~	径向皮碗密封	joint de manchon à direction radiale
radial shaft ~	径向轴封	joint d'arbre radial
reciprocating ~	往复密封	joint alternatif

rotating ~	旋转密封	joint rotatif
self-energising ~	自紧式密封	joint d'auto-serreur
shaft ~	轴封	joint d'arbre
water ~	水封	joint à l'eau
sealing	封漏;堵塞	**joint d'étanchéité**
searcher	塞尺	**chercheur**
feeler ~	传感器	palpeur
season	季节;时化;时效	**saison**
high water ~	汛期	saison de crues
low water ~	枯水期	saison d'étiage
seat	座;位置;部位	**siège**
balance disc ~	平衡板	siège d'équilibrage
spring ~	弹簧座	siège de ressort
valve ~	阀座;阀盘	siège de valve
second	秒;第二	**seconde**
Redwood ~	雷德伍德秒	seconde de Redwood
Saybolt ~	塞波特秒	seconde de Saybolt
section	截面;剖面;段;部分;区域	**section**
blade ~	叶片剖面	section d'aubes
closed test ~	闭式试验段	section d'essai fermée
dangerous ~	危险断面;危险段	section dangereuse
effective cross ~	有效横截面;有效横断面	section transversale effective
vane pattern ~	叶片木模截面	section de modèle d'aubed
sedimentation	淤积;沉淀	**sédimentation**
segment	段;节;扇形体	**segment**
locking ~	锁紧块	segment de verrouillage
thrust bearing ~	推力轴承;扇形块	segment de palier de butée
self-oscillation	自激振荡	**auto-oscillation**

self-priming	自吸	**auto-amorçage**
sensitiveness	灵敏度;敏感度	**ingéniosité**
sensitivity	灵敏度;敏感度	**sensibilité**
sensor	传感器;敏感元件	**capteur**
separation	分离;脱流;间距;间隔	**séparation**
separator	分离器;分离机;隔板	**séparateur**
air ~	空气分离器	séparateur d'air
series	系列;级数;串联	**série**
service	服务;检修;工作	**service**
servo	伺服机构;随动系统	**servo commande**
servo-cylinder	伺服油缸	**servo cylindre**
servomechanism	伺服机构;随动系统	**servomécanisme**
servomotor	伺服马达	**servomoteur**
servopump	伺服泵	**servopompe**
servosystem	伺服机构	**servo système**
servovalve	伺服阀	**servosoupape**
set	组;副;台;装置;安装;调整;系列	**installation**
hydraulic ~	水力装置	installation hydraulique
seal ~s	密封组件	installation étanche
test ~	试验装置	installation d'essais
setscrew	紧定螺钉;定位螺钉	**vis de calage**
setting	安置;装置;凝固	**mise**
sewage	污水	**eaux usées**
sewer	污水管道;下水道	**égout**
shaft	轴	**arbre**
auxiliary ~	副轴;中间轴;从轴	arbre auxiliaire
cardan ~	万向轴	arbre à cardan
counter ~	中间轴;副轴;从轴	contre-arbre

drive ~	驱动轴;传动轴	arbre de puissance
driven ~	从动轴	arbre commandé
driving ~	主动轴	arbre menant
eccentric ~	偏心轴	arbre excentrique
flexible ~	挠性轴	arbre flexible
hollow ~	空心轴	arbre creux
idler ~	从动轴	arbre mené
intermediate ~	中间轴;副轴;从轴	arbre intermédiaire
shape	形状;模型;成形	**forme**
streamline ~	流线形	forme de la ligne de courant
wave ~	波形	forme d'onde
shear	剪切	**cisaillement**
sheet	片;板;表;图表;程序;薄钢板;单据;层	**feuille**
flow ~	工艺卡片;操作次序图	schéma de production
vortex ~	涡层	couche de tourbillons
shell ~	壳;骨架;铠装	coque
bearing ~	轴瓦;轴承箱;轴承体	palier
shield	遮护板;挡;屏;盾	**bouclier**
oil retaining ~	挡油板	bouclier à huile
shim	垫片	**cale**
shock	冲击;冲撞;激波	**choc**
heat ~	热冲击;热震	choc thermique
thermal ~	热冲击;热震	choc thermique
shoe	履(梁);桩靴;瓦形物;导向板	**patin/semelle**
~ for rocker arm	摇杆滑块	patin de culbuteur
thrust ~	推力块	patin de poussée
shroud	屏蔽;掩蔽;罩盖	**couvercle**
front ~	前盖板	flasque avant

shut-down	关闭;停车;熄火	**fermeture/arrêt**
side	端;侧;方面	**côté**
drive ~	驱动侧;驱动端	côté entraînement
front ~ of vane	叶片工作面	côté amont de l'aube
leading ~ of vane	叶片工作面	face avant de l'aube
low pressure ~	低压侧	côté de basse pression
suction ~	吸入侧	côté d'aspiration
sieve	筛网	**passoire**
sign	信号;标志;记号	**signe**
signal	信号	**signal**
silastic	硅橡胶	**silestène**
silencer	消音器	**silencieux**
silzin	硅黄铜	**cuivre jaune au silicium**
similarity	相似性;相似	**similitude**
dynamic ~	动力相似	similitude dynamique
dynamically ~	动力相似	similitude dynamique
cavitation ~	汽蚀相似	similitude de cavitation
hydraulic ~	水力相似	similitude hydraulique
simulation	模拟	**simulation/modélisation**
automatic ~	自模拟	simulation automatique
singularity	特异性;奇异性;奇点(性)	**singularité**
sink	汇;下沉	**subsidence/immersion**
siphon	虹吸管;虹吸	**siphon**
siphonage	虹吸作用;虹吸	**siphonage**
site	地点;地段;位置;场地	**lieu**
situation	位置;情况;势态	**situation**
size	大小;尺寸;度量	**taille**
limit ~	极限尺寸	taille limite

sketch	示意图;简图	**croquis**
sleeve	轴套;套(筒)	**manchon**
adaptor ~	定心套	manchon d'adaptateur
balancing ~	平衡套;节流套	manchon d'équilibrage
bearing ~	轴承套	manchon de palier
centring ~	定心套	manchon de centrage
distance ~	隔套;定位套	manchon à distance
interstage ~	级间套;挡套	manchon intercallaire
locating ~	定位套	manchon de localisation
lock ~	锁紧套	manchon de verrouillage
locking ~	锁紧套	manchon de verrouillage
oil retaining ~	挡油管(套)	manchon de rétention d'huile
self-locking ~	自锁轴套	manchon autoverrouillable
shaft ~	轴套	manchon d'arbres
shaft wearing ~	轴套	manchon d'arbres
spacer ~	挡套	manchon d'espaceur
throttling ~	节流套;平衡套	manchon d'étranglement
wearing ~	抗磨套	manchon résistant
slide	滑移;滑板;滑座;滑块	**glissière**
slip	滑动;滑差率;滑移	**glissement**
aixal ~	轴向滑移	glissement aixal
slipper	滑块;滑动部分;游标;滑板	**curseur**
~ for rocker arm	摇杆滑块	curseur de bras de bascule
slipstream	滑流	**sillage**
slit	缝隙;长缝	**fente**
slope	倾度;斜率	**pente**
slot	缝;槽	**intervalle/rainure**
sluice	闸门;水沟	**écluse**

slurry	泥浆;软膏	**boue**
smoothness	平滑度;光滑度	**lisse**
soapsude	肥皂水	**mousse de savon**
software	软件	**logiciel**
solidity	固态;充实;完整性	**solidité**
cascade ~	叶栅稠密度	solidité degrille d'aubes
solution	溶液;解;答案	**solution**
electrolytic ~	电解液;电镀液	solution électrolytique
graphical ~	图解法	solution graphique
soniscope	脉冲超声波探伤仪	**détecteur pulsé de criques à ultra-sons**
sort	种类	**type**
source	源	**source**
power ~	能源	source d'énergie
space	空间;空隙;间隙;间隔	**espace**
dead ~	闭死空间	espace mort
vacuous ~	真空区域	espace vide
spacer	垫片;定位套;隔套(板)	**entretoise**
disc ~	圆形垫	entretoise de disque
liner ~	衬套隔环	entretoise
spacing	栅距;叶片间距;间隔;间距;空隙	**espacement**
cascade ~	栅距;叶片间距	espacement de grille
vane ~	栅距;叶片间距	espacement d'aube
span	翼展;跨度;跨距	**portée**
spanner	扳紧器;扳手;扳钳	**clé plate**
jaw ~	活动扳手;活扳手	clé de serrage à mâchoires
offset ~	斜口扳手	clé à pipe
shifting ~	活动扳手;活扳手	clé réglable
socket ~	套筒扳手	clé à douille

spatter(ing)	飞溅	projection
specification	说明书;规格;细目表;技术条件	spécification
speed	速度	vitesse
air ~	风速;气流速度	vitesse d'air
average ~	平均速度	vitesse moyenne
critical ~	临界速度	vitesse critique
dimensionless specific ~	无量纲比转速	vitesse spécifique adimensionnée
first critical ~	第一临界转速	première vitesse critique
high ~	高速	vitesse importante
high specific ~	高比转速	vitesse spécifique importante
higher critical ~	高阶临界转速	vitesse critique élevée
lateral critical ~	横向临界转速	vitesse critique latérale
low ~	低速	vitesse faible
low specific ~	低比转速	vitesse spécifique basse
mean ~	平均速度	vitesse moyenne
medium specific ~	中比转速	vitesse moyenne spécifique
nominal ~	额定速度;额定转速	vitesse nominale
normal ~	额定速度;额定转速	vitesse normale
over ~	超速	survitesse
peripheral ~	圆周速度	vitesse périphérique
permanent ~	正常运转速度;持久速度	vitesse permanente
rated ~	额定速度;额定转速	vitesse nominale
rated ~ of revolution	额定转速	vitesse nominale de rotation
revolution ~	转速	vitesse de rotation
revolving ~	转速	vitesse tournante
runaway ~	飞逸转速	survitesse
secondary critical ~	二次临界转速	vitesse secondaire critique

sonic ~	音速	vitesse sonique
sound ~	声速	vitesse du son
specific ~	比转速	vitesse spécifique
suction specific ~	汽蚀比转速	vitesse spécifique d'aspiration
synchronous ~	同步转速;同步速度	vitesse synchrone
torsional critical ~	扭转临界转速	vitesse critique de torsion
unit ~	单位转速	unité de vitesse
speedometer	速度计	**compteur de vitesse**
sphere	球体;圆球;范围	**sphère**
spider	星轮;机架;多脚架	**potence multibroche**
bearing ~	轴承架	potence de palier
spigot	插口;止口;栓;塞子	**robinet**
spillway	溢洪道;溢流道	**déversoir**
spindle	轴;心轴;锭子	**broche**
adjusting ~	调节轴	broche de réglage
countershaft ~	副传动轴	broche d'arbre intermédiaire
driving ~	主动螺杆;驱动心轴	broche de conduite
driving screw ~	主动螺杆	broche de vis commandée
idler ~	从动螺杆;从动心轴	broche menée
idler screw ~	从动螺杆	broche menée à vis
valve ~	阀杆	broche de soupape
spiral	螺旋线	**spirale**
split	剖分;裂口	**fissure**
horizontally ~	水平中开	fissure horizontale
spraying	喷雾;喷射;喷镀	**saupoudrage**
metal ~	金属喷镀	saupoudrage métallique
spread	扩展;展开;展宽	**diffusion**
spring	弹簧;发条	**ressort**
buffer ~	缓冲弹簧;减震弹簧	ressort tampon

flat ~	板簧	ressort plat
pneumatic ~	气垫	ressort pneumatique
tensioning ~	拉簧	ressort sous tension
valve ~	阀簧	ressort de soupape
sprinkler	喷灌机	**asperseur**
sprinkling	喷灌	**saupoudrage**
square	平方;乘方;正方形	**carré**
stability	稳定性	**stabilité**
stage	级;段;程度	**étage**
last ~	末级	étage dernier
priming ~	自吸段	étage d'amorçage
self-priming ~	自吸段	étage à amorçage automatique
stall	失速	**perte de vitesse**
stalling	失速	**décrochage**
stanchion	连接杆;支柱	**colonne**
stand	台;座;架;试验台	**banc**
test ~	试验台	banc d'essai
standard	标准器;标准;规格	**standard**
standardization	标准化	**standardisation**
starter	起动器	**démarreur**
automatic ~	自动起动器	démarreur automatique
starting	起动	**démarrage**
state	状态;情况;表明;控制;国家;州	**état**
critical ~	临界状态	état critique
gascous ~	气态	état gazeux
standard ~	标准状态	état standard
steady ~	稳定状态;定常状态	état stable
subcritical ~	亚临界状态	état subcritique
superheated ~	过热状态	état surchauffé

transient ~	过渡状态;瞬(变状)态	état transitoire
vapour ~	汽化状态	état de vapeur
statics	静力学	**statique**
station	站;位置;场所	**station**
pump ~	泵站	station de pompe
pumping ~	泵站	station de pompage
service ~	修理站	station service
statistics	统计学;统计	**statistique**
stator	定子	**stator**
Stauffer(**box**)	滑脂油杯	**stauffer**
steadiness	稳定性;定常性	**stabilité**
steam	蒸汽	**vapeur**
superheated ~	过热蒸汽	vapeur surchauffée
steel	钢	**acier**
alloy ~	合金钢	acier en alliage
angle ~	角钢	cornier en acier
blister ~	泡钢	acier soufflé
carbon ~	碳素钢	acier au carbone
carburizing ~	渗碳钢	acier de cémentation
cast ~	铸钢	acier coulé
cementation ~	渗碳钢	acier cémenté
chrome ~	铬钢	acier au chrome
chrome-molybdenum ~	铬钼钢	acier au chrome-molybdène
chrome-vanadium ~	铬钒钢	acier au chrome-vanadium
die ~	模具钢	acier pour matrices
ferrite ~	铁素体钢	acier ferritique
ferritic ~	铁素体钢	acier ferritique
flat ~	扁钢	acier plat
flat-rolled ~	扁钢	fer plat

forged ~	锻造钢	acier de forgeage
hard ~	硬钢	acier dur
hardened stainless ~	硬化不锈钢	acier durci inoxydable
heat(-resisting) ~	耐热钢	acier réfractaire
high-carbon ~	高碳钢	acier dur
high manganese ~	高锰钢	acier à haute teneur en manganèse
high-speed ~	高速钢;锋钢	acier rapide
high strength ~	高强度钢	acier à haute résistance
high tensile ~	高强度钢	acier de haute résistance
H-section ~	工字钢	profilés en H
low carbon ~	低碳钢	acier à faible teneur en carbone
low manganese ~	低锰钢	acier à faible teneur en manganèse
mild ~	软钢	acier souple
nickel ~	镍钢	acier au nickel
nickel-chrome ~	镍铬钢	acier au chrome-nickel
nickel chromium ~	镍铬钢	acier au nickel chromé
nitralloy ~	渗氮钢;氮化钢	acier nitruré
nitriding ~	渗氮钢;氮化钢	acier nitruré
precipitation hardening stainless ~	沉淀硬化不锈钢	acier durcis inoxydable par précipitation
profile ~	型钢	acier profilé
round ~	圆钢	acier rond
rustless ~	不锈钢	acier inoxydable
scrap ~	废钢	déchet d'acier
section ~	型钢	profilé d'acier
shaped ~	型钢	production d'acier formé
silicon ~	硅钢;电工钢	acier silicieux
soft ~	软钢	acier souple

special ~	特种钢;特殊钢	acier spécial
square ~	方钢	acier carré
stainless ~	不锈钢	acier inox
strip ~	带钢	feuillard en acier
tungsten ~	钨钢	acier au tungstène
vanadium ~	钒钢	acier au vanadium
stellite	钨铬钴合金	**acier au stellite**
step	行程;级;阶;步骤;踏板	**étape**
stiffness	刚度;刚性;稳定性;抗扰性	**rigidité**
stokes	斯托克斯(黏度单位)	**stokes**
stoneware	陶器	**grès**
stool	座;凳	**tabouret**
bearing support ~	泵托架	tabouret du support de palier
motor ~	电动机座	tabouret du moteur
pump ~	泵座	tabouret de pompe
stop	停车;停止;止动器;制动销	**arrêt**
valve ~	阀挡	valve d'arrêt
stopper	止动装置;制动器;塞子	**taquet**
stopping	制动;停止	**arrêter**
stop-watch	秒表	**chronomètre**
storage	存储;贮藏;存储装置;仓库	**stockage**
straightener	整流器;整流装置;校直装置	**redresseur/raidisseur**
honeycomb ~	整流栅	déflecteurs-redresseurs
straightness	直线性;平直度	**rectitude**
strain	应变;变形;拉紧	**déformation**
compressive ~	压缩应变	déformation due à la compression
initial ~	初应变	déformation initiale

shear ~	剪应变;切应变	déformation en cisaillement
shearing ~	剪应变;切应变	déformation en cisaillement
strainer	滤器;筛	**tamis**
oil ~	网状滤油器;滤油网	tamis d'huile
oil filter ~	滤油网	tamis de filtre à huile
strap	带;条;套;环;圈	**sangle**
stream	流动;气流	**courant**
down ~	下游	en aval
up ~	上游	en amont
streamline	流线	**ligne de courant**
meridian ~	轴面流线	ligne de courant méridien
street	街;列;迹	**rue/chemin**
vortex ~	涡街	chemin de tourbillon
strength	强度;力量	**intensité/force**
~ of vortex	旋涡强度	force tourbillonnaire
bending ~	抗弯强度;抗挠强度	force de cintrage
compression ~	抗压强度	force de compression
compressive ~	抗压强度	force compressive
hot ~	抗热强度;热强度	force d'anti-chaleur
insulating ~	绝缘强度	force d'isolation
mechanical ~	机械强度	force mécanique
pressure ~	抗压强度	force de pression
shearing ~	抗剪强度	force de cisaillement
structural ~	结构强度	force structurelle
tensile ~	抗张强度;抗拉强度;拉伸强度	force de traction
torsional ~	抗扭强度	force de torsion
stress	应力	**contrainte**
allowable ~	许用应力;容许应力	contrainte acceptable
bending ~	弯曲应力	contrainte de courbure

compression ~	压应力	contrainte de compression
compressive ~	压应力	contrainte compressive
critical ~	极限应力;临界应力	contrainte critique
dynamic load ~	动应力;动载应力	contrainte dynamique
fluctuating ~	变化应力;交变应力	contrainte fluctuante
limit ~	极限应力	contrainte limite
permissible ~	许用应力;容许应力	contrainte permissible
residual ~	残余应力	contrainte résiduelle
resultant ~	合成应力	contrainte résultante
shearing ~	剪应力;切应力	contrainte de cisaillement
tensile ~	拉伸应力	contrainte de traction
thermal ~	热应力	contrainte thermique
varying ~	变化应力;交变应力	contrainte variable
working ~	工作应力	contrainte de travail
stretch	伸长;拉伸	**étirement**
strip	条;带;簧片;带钢	**bande**
sealing ~	密封嵌条	bande d'étanchéité
sealing ~ for valve seat	阀座密封嵌条	bande d'étanchéité de siège de soupape
stroboscope	闪频仪	**stroboscope**
strobotac	闪频转速表	**tachomètre stroboscopique**
stroke	冲程;行程;冲击	**course**
stud	双头螺栓	**vis à cheville**
submerging	潜水;淹没	**immersion**
submersion	淹没;浸入	**submersion**
subtraction	减法	**soustraction**
suction	吸	**aspiration**
double ~	双吸	aspiration double
volute ~	蜗形吸入室	aspiration cochléiforme
suction-eye	吸入孔	**anneau d'aspiration**

sulfate	硫酸盐	**sulfate**
~ of ammonia	硫酸铵	sulfate d'ammoniac
aluminium ~	硫酸铝	sulfate d'aluminium
ammonium ~	硫酸铵	sulfate d'ammonium
copper ~	硫酸铜	sulfate de cuivre
ferrous ~	硫酸亚铁	sulfate ferreux
sodium ~	硫酸钠;芒硝	sulfate de sodium
sum	和;总和;总结;概括	**somme**
summation	总合;累加	**sommation**
sump	池;槽;贮水坑	**puisard**
suction ~	吸水槽	puisard d'aspiration
super-cavitation	超汽蚀	**super cavitation**
supercharging	增压	**suralimentation**
superpressure	余压力;超压力	**surpression**
supersaturation	过饱和	**sursaturation**
supply	供应;补给;供电;供水; 电源;水源	**alimentation**
air ~	补气;充气	alimentation d'air
electric power ~	电源	énergie électrique
heat ~	供热	fourniture de chaleur
oil ~	供油	alimentation en huile
power ~	动力供应	alimentation en énergie
water ~	供水	alimentation en eau
supplyvoltage	电源电压	**tension d'alimentation**
support	支座;支柱;支架;保证; 保障	**support**
delivery ~	吐出管支座;排出管 支座	support de dégorgement
suction ~	吸入管座	support d'aspiration
suppressor	抑制器;抑制剂;消除器	**suppresseur**
surge ~	波动抑制器	suppresseur de pompage

surface	表面;面;面积	surface
equipotential ~	等势面;等位面	surface équipotentiel
fitting ~	配合面	surface de raccordement
flow ~	流面	surface de flux
free water ~	水自由表面	surface libre
installing ~	安装面	surface d'installation
mounting ~	安装面	surface de montage
streamline ~	流线型表面	surface de courant
throttling ~	节流面	surface d'étranglement
surge	浪涌;气压波;骤变;波动;颤振	**onde**
surging	喘振;脉动	**pulsation**
susceptibility	灵敏度(性);磁化率	**sensibilité**
susceptivity	灵敏度(性)	**sensibilité**
suspension	悬浮;悬挂;悬浮体	**suspension**
swirl	旋涡;转动	**tourbillon**
switch	开关;转换器;转换	**commutateur**
automatic ~	自动开关	commutateur automatique
auxiliary ~	辅助开关	commutateur auxiliaire
button ~	按钮开关	bouton-poussoir
change-over ~	转接开关	bouton de commutateur
contact pressure ~	接触压力开关	commutateur à pression de contact
float ~	浮子开关;浮球开关	interrupteur à flotteur
knife ~	闸刀开关	interrupteur à lame
knife-blade ~	闸刀开关	interrupteur à lame de couteau
knife-break ~	闸刀开关	interrupteur à lames
knife-edge ~	闸刀开关	interrupteur à lame de couteau
limit ~	极限开关	commutateur limite
liquid level ~	液位开关	commutateur à niveau de liquide

mercury ~	水银开关	interrupteur au mercure
pressure ~	压力开关	pressostat
rotary ~	旋转开关	commutateur rotatif
safety ~	安全开关	commutateur de sécurité
short-circuiting ~	短路开关	commutateur de court-circuit
switch-board	配电盘(板);转换器	**carte de commutation**
switch-off	切割;切断	**éteindre**
switch-on	接通	**allumer**
symbol	符号;记号	**symbole**
symmetry	对称	**symétrie**
axial ~	轴对称	symétrie axiale
rotational ~	轴对称;旋转对称	symétrie de rotation
synchronism	同步;同步性	**synchronisme**
synchronization	同步	**synchronisation**
syphon	虹吸管;虹吸	**siphon**
system	系统;制度;装置;管路系统	**système**
binary ~	二进制系统	système binaire
control ~	控制系统	système de contrçle
discharge ~	压水管路	système d'évacuation
drainage ~	排水管路	système de drainage
emergency ~	应急系统	système d'urgence
feed ~	给水系统	système d'alimentation
irrigation ~	灌溉系统	système d'irrigation
lube-oil ~	润滑油系统	système d'huile de graissage
lubricating oil ~	润滑油系统	système d'huile lubrifiante
lubrication ~	润滑系统	système de lubrification
oil feeding ~	给油系统	système d'alimentation en huile
purification ~	净化系统	système de purification
starting ~	起动系统	système de démarrage

supply ~	给水系统	système d'alimentation
thermosiphonic ~	热虹吸系统	système de siphon thermique
thermosyphonic ~	热虹吸系统	système de thermosiphon
water distribution ~	配水系统	système de distribution d'eau

T **table** 桌;台;表格 **tableau**

conversion ~	换算表格	tableau de conversion
random number ~	随机数表	tableau de nombres aléatoires
work ~	工作台	banc

tachograph	记录转速表	**tachygraphe**
tachometer	转速表	**tachymètre**
stroboscopic ~	闪频观测转速表	tachymètre stroboscopique
tank	箱;柜;池;槽;储藏罐	**bac/réservoir**
closed ~	密闭水箱	bac hermétique
constant head ~	定水位水箱	bac de charge constante
drain ~	排水箱;泄水箱	bac de vidange
experimental ~	试验槽	bac expérimental
gas ~	气罐	bac à gaz
gauging ~	量水箱	bac de jaugeage
head ~	压力水箱	réservoir de tête
measuring ~	量水箱	bac de mesure
one-way surging ~	单向调压罐	réservoir d'équilibrage unidi-rectionnel
pressure ~	压力水箱	bac sous pression
suction ~	吸液箱	bac d'aspiration
surge ~	调压水箱	bac d'équilibrage
water ~	水箱	réservoir d'eau
weighing ~	压重箱	bac de pesée
tap	测压孔;丝锥;分支;分接;引出	**branche**

screw ~	丝锥	poinçon à vis
tappet	挺杆	**poussoir**
tar	松焦油;煤焦油	**goudron**
coal ~	松焦油;煤焦油	goudron de houille
technics	技术	**techniques**
technique	技术	**technique**
technology	工艺;技术;术语;工艺学	**technologie**
tee	三通管;T形物	**tube à trois voies**
teflon	聚四氟乙烯	**teflon**
tele-thermometer	遥测温度计	**télé-thermomètre**
temperature	温度	**température**
absolute ~	绝对温度;开氏温度	température absolue
admissible ~	容许温度	température admissible
allowable ~	容许温度	température atteignable
ambient ~	环境温度;周围介质温度	température ambiante
discharge ~	出口温度	température de sortie
high ~	高温	température élevée
low ~	低温	température basse
normal ~	常温	température normale
outlet ~	出口温度	température de sortie
saturation ~	饱和温度;露点温度	température de saturation
standard ~	标准温度	température standard
tempering	回火;人工老化	**recuit**
tension	张力;拉力	**tension**
maximum vapour ~	饱和蒸汽压力	tension de vapeur maximale
surface ~	表面张力	tension de surface
tensor	张量	**tenseur**
term	项;条件;术语;时期	**terme**

terminal	接线柱;终端	**borne**
test	试验;测试	**essai**
~ of dynamic balance	动平衡试验	essai d'équilibre dynamique
acceptance ~	验收试验	essai de réception
accepting ~	验收试验	essai accepté
actual loading ~	有效负荷试验	essai de charge réelle
additional ~	附加试验	essai supplémentaire
balancing ~	平衡试验	essai d'équilibre
bearing absorption ~	轴承吸水试验	essai de palier d'absorption
bearing swelling ~	轴承浸泡试验;轴承泡胀试验	essai de palier d'immersion
cavitation ~	汽蚀试验	essai de cavitation
check ~	检查试验	essai de vérification
dry run ~	干转试验	essai de roulement à sec
dry start-up ~	干转启动试验	essai de démarrage de roulement à sec
dynamic balancing ~	动平衡试验	essai d'équilibrage dynamique
field simulation ~	现场模拟试验	essai de simulation sur site
full speed ~	全速试验	essai à pleine vitesse
hydraulic ~	水压试验	essai hydraulique
hydraulic pressure ~	水压试验	essai de pression hydraulique
hydrostatic ~	静水压试验	essai hydrostatique
leak ~	泄漏试验	essai révélateur
leakage ~	泄漏试验	essai de détection des fuites
life ~	寿命试验	essai de durée de la vie
model ~	模型试验	essai de modèle
net positive suction head ~	汽蚀试验	essai de charge nette d'aspiration
operation ~	运转试验	essai de fonctionnement
overload ~	超负荷试验	essai de surcharge
over-speed ~	超速试验	essai de survitesse

performance ~	性能试验	essai de performance
pressure ~	耐压试验	essai de pression
prototype ~	样机试验	essai de prototype
random ~	抽检	essai aléatoire
reliability ~	可靠性试验	essai de fiabilité
repeat start ~	重复启动试验	essai de démarrage à répétition
sensitivity ~	灵敏度试验	essai de sensibilité
shop ~	工厂试验	atelier d'essais
site simulation ~	现场模拟试验	essai de simulation en site
strain ~	应变试验	essai pour faire face à un changement brusqu
supplementary ~	附加试验	essai supplémentaire
type ~	典型试验;型式试验	essai typique
test-bed	试验台	**banc d'essai**
testing	试验	**test**
tetrachloride	四氯化物	**tétrachlorure**
carbon ~	四氯化碳	tétrachlorure de carbone
tetraethyl	四乙基	**tétraéthyle**
lead ~	四乙基铅	tétraéthyle de plomb
theorem	定理	**théorème**
~ of moment of momentum	动量矩定理	théorème de quantité de mouvement
Bernoulli's ~	伯努利定理	théorème de Bernoulli
Kutta-Joukowski's ~	库塔-茹科夫斯基定理	théorème de Kutta-Joukowski
theory	理论;原理;学说	**théorie**
thermal-galvanometer	温差检流计;热效式检流计	**galvanomètre thermique**
thermocouple	热电偶	**thermocouple**
thermodynamics	热力学	**thermodynamique**
thermogalvanometer	温差检流计;热效式检流计	**galvanomètre thermique**

thermograph	自记温度计;温度记录器	**thermographe**
thermometer	温度计	**thermomètre**
mercury ~	水银温度计	thermomètre à mercure
recording ~	自记式温度计	thermomètre à enregistrement
thermistor ~	热敏电阻温度计	thermomètre à thermistance
thermometry	温度测量;测温学	**thermométrie**
thermorelay	热继电器	**relai thermique**
thermo-siphon	热虹吸管	**thermosiphon**
thermostat	恒温器	**thermostat**
thermo-syphon	热虹吸	**thermosiphon**
thickness	厚度	**épaisseur**
tangential ~	切向厚度;圆周方向厚度	épaisseur tangentielle
vane ~	叶片厚度	épaisseur d'aube
thiosulfate	硫代硫酸盐	**thiosulfate**
sodium ~	硫代硫酸钠;大苏打	thiosulfate de sodium
thread	螺纹	**fil**
screw ~	螺纹	filetage
throat	喉部;喉道	**gorge**
nozzle ~	喷嘴喉部	gorge de buse
volute ~	蜗形体喉部	gorge de volute
throttle	节流阀;节流	**étranglement**
throttling	节流	**rétrécissement**
through-put	过流能力	**débit**
thrower	喷射器	**lanceur/injecteur**
oil ~	挡油圈;溅油圈	injecteur d'huile
thrust	推力;拉力	**poussée**
axial ~	轴向推力	poussée axiale
hydraulic ~	液力推力	poussée hydraulique

jet ~	喷射推力;喷气推力	poussée à réaction
net ~	净推力	poussée nette
radial ~	径向推力	poussée radiale
tightener	张紧器;紧固器	**tendeur**
tightness	紧密性;紧固性	**étanchéité**
gas ~	气密性	étanchéité hermétique
hydraulic ~	液压张紧器	étanchéité hydraulique
time	时间;期间;倍;次	**temps**
closure ~	关闭时间	temps de fermeture
self-priming ~	自吸时间	temps d'auto-amorçage
timer	计时器	**chronomètre**
tip	尖端;端部	**pointe/tête**
wing ~	翼梢	tête de profils
tolerance	公差;容许偏差	**tolérance**
fit ~	配合公差	tolérance d'ajustement
test ~	试验允差	tolérance d'essai
toluol	甲苯	**toluène**
tongue	舌	**bec**
volute ~	蜗壳隔舌	bec de volute
tool	工具;刀具;方法	**outil**
tooth	齿;齿状物	**dents**
double-helical ~	人字齿	dents de double hélice
herringbone ~	人字齿	dents à chevrons
torque	扭矩;转矩;扭转力矩	**couple**
driving ~	驱动力矩	couple entraînant
full-load ~	满载力矩	couple à pleine charge
pull-in ~	牵入力矩	couple de serrage
pull-out ~	牵出力矩	couple d'arrachement
starting ~	起动力矩	couple du démarrage

torquemeter	扭矩测量计	**mesureur de couple**
torsion	扭转	**torsion**
tower	塔;柱;杆;支撑	**tour**
cooling ~	冷却塔	tour de refroidissement
trace	痕迹;描绘;微量	**trace**
tracing	描图;描绘	**traçage**
track	轨迹;轨道;跨距	**piste**
trail	小径;痕迹;轨迹	**allée**
Karman's vortex ~	卡门涡街	allée de tourbillons de Karman
vortex ~	涡街	allée de tourbillons
trajectory	轨道;轨迹	**trajectoire**
transducer	变换器;传感器	**indicateur**
differential pressure ~	压差传感器	indicateur de pression différentielle
transfer	传导;传送;转换	**transfert**
heat ~	传热;热传导	transfert de chaleur
heat ~ by convection	对流传热	transfert de chaleur par convection
transformation	变形;转化;变换	**transformation**
affine ~	仿射变换	transformation affine
conformal ~	保角变换	transformation conforme
isogonal ~	保角变换	transformation d'angle de contact
transient	过渡过程;瞬变状态	**transitoire**
transmitter	传感器;传送器	**transmetteur**
tray	盘子;潜箱;溜槽;支架	**plateau**
oil ~	集油盘	plateau d'huile
triangle	三角形	**triangle**
~ of force	力三角形	triangle des forces
Euler's velocity ~	欧拉速度三角形	triangle de vitesse d'Euler

right-angled ~	直角三角形	triangle rectangle
vector ~	向量三角形;矢量三角形	triangle vecteur
trichloroethylene	三氯乙烯	**trichloroéthylène**
trochoid	次摆线;余摆线	**trochoïde**
trouble	故障;事故;麻烦;困难	**trouble/problème**
T-steel	T型钢	**acier en forme T**
tube	管	**tube**
communicating ~	连通管	tubes de communication
conduit ~	（电线）导管	conduit tubulaire
flexible ~	软管	tube flexible
flow ~	流管	tube de courant
guard ~	伸缩管	tube
inner telescopic ~	可伸缩内导向管	tube télescopique interne
insulating ~	绝缘管	tube isolant
insulation ~	绝缘管	tube d'isolation
oil level ~	油位管	tube de niveau d'huile
oil retaining ~	挡油管	tube retenant les huiles
Pitot ~	皮托管	tube de Pitot
pump barrel ~	管状泵缸体	tube de corps de pompe
pump cylinder ~	管状泵缸体	tube de cylindre de pompe
rubber ~	胶皮管	tube de décombre
shaft tunnel ~	轴护套	tube de garniture de la ligne d'arbres
stream ~	轴护套	tube de courant
tee ~	三通管	tube à trois branches
telescopic ~	伸缩管	tube télescopique
thin walled ~	薄壁管	tube à parois minces
torque ~	扭矩传递管	arbre
torsion measurement ~	扭矩管	tube de mesure de torsion

T-shaped ~	三通管	tube en forme de T
Venturi ~	文丘里管	tube de Venturi
vortex ~	涡管	tube de tourbillon
tunnel	隧道;风洞	**tunnel/soufflerie**
cascade water ~	叶栅(试验)水洞	soufflerie de grille hydraulique
cascade wind ~	叶栅(试验)风洞	soufflerie de grille aérodynamique
low turbulence water ~	低湍流度隧道	soufflerie de faible turbulence
pressure ~	压力隧道	soufflerie sous pression
sewer ~	排水隧道;下水道	soufflerie d'égout
smoke wind ~	烟风洞	soufflerie de ventilation par fumée
spilling ~	溢水道	soufflerie de déversement
two-dimensional water ~	二元水洞	soufflerie bidimensionnel hydraulique
variable-pressure water ~	变压力水洞	soufflerie hydraulique à pression variable
water ~	水洞	soufflerie à eau
wind ~	风洞	soufflerie
turbine	涡轮机	**turbine**
axial-flow ~	轴流式涡轮机	turbine à flux axial
gas ~	燃气轮机	turbine à gaz
hydraulic ~	水轮机	turbine hydraulique
pump ~	泵-水轮机	pompe turbine
radial-flow ~	径向式涡轮机	turbine radiale
reaction ~	反击式涡轮机	turbine à réaction
steam ~	汽轮机	turbine à vapeur
turbo-flowmeter	涡轮流量计	**débitmètre à turbine libre**
turbopump	汽轮机驱动泵;涡轮泵	**turbo-pompe**
liquid rocket ~	液体火箭涡轮泵	turbine à propulsion liquide

turbulence	紊流度;湍流度;湍流;扰动	**turbulence**
turn	转弯;转动;车削	**détour**
turpentine	松节油	**térébenthine**
twist	扭转;歪曲	**torsion**
type	型;型号;样式	**type**
standard ~	标准型	type standard

U **umbrella**	伞;伞状物	**parapluie**
suction ~	吸入喇叭管外缘	aspiration en forme de parapluie
unbalance	不平衡	**déséquilibre**
undercurrent	潜流;下层流	**courant superficiel**
underdrain	暗渠	**drain de sortie**
underplate	底座;底板	**sous-plaque**
uniformity	均匀性;一致性	**uniformité**
union	并集;连接器;连接;管节;管接头	**réunion**
pipe ~	管接头	réunion de tuyàux
uniqueness	单一性;唯一性	**unicité**
unit	单位;机组;装置;单元;组合件	**unité**
absolute ~	绝对单位	unité absolue
calibrator ~	校核装置	unité d'étalonnage
control ~	控制装置	unité de contrôle
correcting ~	校正装置	unité de correction
full-size ~	真机;样机	unité pleine échelle
international ~	国际单位	unité internationale
practical ~	实用单位	unité pratique
pumping ~	泵机组	unité de pompage
stand-by ~	备用机组(设备)	unité auxiliaire

throttle control ~	节流控制装置	unité de commande d'étranglement
unloading	卸载	**déchargement**
unstability	不稳定性；不定常性	**instabilité**
unsteadiness	不稳定性；不定常	**instabilité**

V	**vacuum**	真空	**vide**
	value	值；大小；意义	**valeur**
	absolute ~	绝对值	valeur absolue
	approximate ~	近似值	valeur approchée
	average ~	平均值	valeur de moyenne
	correction ~	修正值	valeur de correction
	crest ~	峰值；极值	valeur crête
	eigen ~	特征值	valeur propre
	effective ~	有效值	valeur effective
	error compensation ~	误差补偿值	valeur de compensation d'erreurs
	extreme ~	极值	valeur extrême
	instantaneous ~	瞬时值	valeur instantanée
	limiting ~	极限值	valeur limite
	maximum ~	最大值	valeur maximale
	mean ~	平均值	valeur moyenne
	minimum ~	极小值	valeur minimale
	minimum scale ~	最小刻度	valeur de graduation minimale
	numerical ~	数值	valeur numérique
	optimum ~	最优值	valeur optimale
	pH ~	pH 值	valeur de pH
	reciprocal ~	倒数	valeur réciproque
	root-mean-square ~	均方根值	valeur de la moyenne quadratique

valve	阀	**valve/vanne**
adjusting ~	调节阀	vanne de réglage
air release ~	排气阀	vanne de rejets atmosphériques
alarm ~	报警阀	vanne d'alarme
annular ~	环形阀	vanne annulaire
ball ~	球阀	vanne à boisseau sphérique
bottom ~	底阀	vanne inférieure
breather ~	通气阀	vanne de reniflard
butterfly ~	蝶阀	vanne à papillons
check ~	逆止阀;止回阀	vanne de contrôle
chock ~	节流阀	vanne d'étranglement
conical ~	锥形阀;翼型阀	vanne conique
control ~	调节阀	vanne de contrôles
disc ~	圆板阀;圆盘阀	vanne à disque
discharge ~	吐出阀;排出阀	vanne de décharge
double beat ~	环形阀	vanne annulaire
escape ~	放泄阀	vanne de vidange
flap ~	蝶阀;瓣阀;拍门;铰链阀	vanne à clapet
flapper ~	铰链阀;片状阀	soupape à languette
flow control ~	流量控制阀	vanne de commande d'écoulement
foot ~	底阀	assise de clapet
gate ~	闸阀	vanne guillotine
globe ~	球阀	vanne à boisseau sphérique
high pressure ~	高压阀	vanne de haute pression
injection ~	喷射阀	vanne d'injection
inlet ~	进水阀;进口阀门	vanne d'entrée
inline check ~	直通单向阀	clapets antiretour direct
magnetic ~	电磁阀	vanne magnétique

motorized ~	电动阀	vanne motorisée
mushroom ~	盘阀	vanne de champignons
non-return ~	逆止阀	vanne anti-retour
overflow ~	溢流阀	vanne de débordement
piston ~	活塞式阀	vanne à piston
plate ~	盘状阀	vanne de plaque
plug ~	旋塞阀	vanne à bouchon
plunger ~	活塞式阀;柱塞式阀	vanne à bouchon plongeur
pressure controlled ~	压力调节阀;压力控制阀	vanne à pression contrôlée
pressure release ~	泄压阀	vanne à dépression
reflux ~	止回阀;回流阀	vanne anti-retour
relief ~	泄压阀;安全阀	vanne des allégements
rocking plunger ~	柱塞型摆动阀	vanne à plongeur
safety ~	安全阀	vanne de sécurité
selector ~	换向阀	vanne de sélecteur
sentinel ~	报警阀	vanne sentinelle
shut-off ~	截止阀	vanne d'arrêt
shuttle ~	换向阀	vanne de commutation
slide ~	滑阀	vanne à coulisse
sluice ~	闸阀	vanne d'écluse
solenoid ~	电磁阀	vanne électromagnétique
sprayer ~	喷射阀	vanne de pulvérisateur
straightway check ~	直通单向阀	clapets antiretour droit
suction ~	吸入阀	vanne d'aspiration
three-way ~	三通阀	vanne à trois voies
throttle ~	节流阀	vanne d'étranglement
vacuum breaker ~	真空破坏阀	vanne d'anti-vide
vent ~	排气阀	vanne de ventilation

wing ~	翼型阀;锥形阀	vanne en forme d'aile
vane	叶片	**aube**
diffusion ~s	导叶	aube de diffusion
distortional ~	扭曲叶片	aube de distorsion
double curvatures ~	双曲率叶片/双圆弧叶片	aube à double courbure
fixed guide ~s	固定导叶	aube de guidage fixe
movable guide ~	可动导叶	aube de guidage mobile
plain ~	柱面导叶	aube cylindrique
return guide ~s	反导叶	aube de canal de retour
straightening ~	整流叶片	aube de redresseur
vaporization	汽化;蒸发	**vaporisation**
vapour	蒸汽;水蒸气	**vapeur**
water ~	水蒸气	vapeur d'eau
variable	变量;可变的	**variable**
varnish	清漆;油漆	**vernis**
V-belt	三角带	**courroie en V**
vector	向量;矢量;引导	**vecteur**
unit ~	单位矢量	vecteur unitaire
velocity ~	速度矢量	vecteur de vitesse
velocity	速度	**vitesse**
~ of pressure wave	压力波速度	vitesse de l'onde de pression
~ of sound	声速	vitesse acoustique
absolute ~	绝对速度	vitesse absolue
angular ~	角速度	vitesse angulaire
average ~	平均速度	vitesse moyenne
axial ~	轴向速度	vitesse axiale
circular ~	圆周速度	vitesse circulaire
circumferential ~	圆周速度	vitesse circonférentielle
complex ~	复(数)速度	vitesse complexe

discharge ~	出口速度	vitesse de décharge
entrance ~	进口速度	vitesse d'entrée
equivalent ~	等价速度	vitesse équivalente
exit ~	出口速度	vitesse de sortie
inlet ~	进口速度	vitesse d'entrée
jet ~	喷射速度	vitesse d'éjection
lateral ~	横向速度;侧向速度	vitesse latérale
longitudinal ~	纵向速度	vitesse longitudinale
meridional ~	轴面速度	vitesse méridienne
outlet ~	出口速度;吐出速度	vitesse de sortie
overflow ~	溢流速度	vitesse de débordement
relative ~	相对速度	vitesse relative
resultant ~	合成速度	vitesse résultante
sonic ~	声速	vitesse sonique
tangential ~	切向速度	vitesse tangentielle
throat ~	喉部速度	vitesse au col
uniform ~	均匀速度	vitesse uniforme
vent	通风孔;放空孔	**ventilation**
air ~	出气孔;通气孔;气眼	ventilation aération
ventilation	通风	**ventilation**
natural ~	自然通风	ventilation naturelle
ventilator	通风机	**ventilateur**
venting	通风;漏气	**ventilation**
natural ~	自然通风	ventilation naturelle
venturimeter	文丘里流量计	**débitmètre de venturi**
vernier	卡尺	**vernier**
verticality	垂直度	**verticalité**
vessel	容器;舰;船	**caisson**
high pressure air ~	高压空气室	caisson d'haute pression

suction ~	吸液箱;吸入箱	caisson d'aspiration
vibration	振动(荡)	**vibration**
elastic ~	弹性振动	vibration élastique
forced ~	强迫振动	vibration forcée
free ~	自振;固有振动	vibration libre
natural ~	自振;固有振动	vibration naturelle
torsional ~	扭转振动	vibration de torsion
vibrograph	示振器	**tracée des vibrations**
vibrometer	振动计	**vibromètre**
view	示图;观察;样式;观点	**vue**
elevation ~	轴面投影图	elevation
enlarged ~	放大图	vue élargie
vane plan ~	叶片平面图(投影)	vue en plan
vinegar	醋	**vinaigre**
viscometer	黏度计	**viscosimètre**
viscosimeter	黏度计	**viscosimétrie**
Saybolt's ~	塞波特黏度计	viscosimétrie Saybolt
viscosity	黏性;黏度	**viscosité**
absolute ~	绝对黏度	viscosité absolue
apparent ~	视在黏度;表现黏度	viscosité apparente
dynamic(al) ~	动力黏度	viscosité dynamique
viton	氟(化)橡胶;维东合成橡胶	**viton**
vitriol	硫酸盐;矾	**vitriol**
blue ~	五水硫酸铜	vitriol bleu
voltage	电压	**tension**
direct current ~	直流电压	tension de courant continu
nominal ~	额定电压	tension nominale
rated ~	额定电压	tension indiquée

voltmeter	电压计;伏特计	voltmètre
volume	体积;容积;容量;卷;册	volume
clearance ~	余隙体积(容积)	volume de jeu
sound ~	声量	volume sonore
specific ~	比容	volume spécifique
stroke ~	工作容积;冲程容积	cylindrée
working ~	工作容积	volume de travail
vortex	旋涡;涡流	vortex/tourbillon
combined ~	复合旋涡	tourbillon combiné
forced ~	强制旋涡	tourbillon forcé
free ~	自由涡	tourbillon libre
potential ~	有势旋涡	tourbillon à potentiel
vortices	涡系;涡流组	tourbillons
vorticity	旋涡强度;涡度;旋度	vorticité
vulcanite	硬橡胶	vulcanite

W

wake	尾流	sillage
wall	墙;壁	paroi
dividing ~	隔舌	paroi de séparation
washer	垫圈;衬垫	rondelle
felt ~	毡垫圈	rondelle de feutre
lock ~	锁紧垫片	rondelle de blocage
rubber ~	橡胶垫圈	rondelles en caoutchouc
waste	废物;损耗;消耗;浪费	rebut/déchets
water	水	eau
acid mine ~	酸性矿水	eau minière acide
ammonia ~	氨水	eau ammoniacale
boiler feed ~	锅炉给水	eau d'alimentation de chaudière

cooling ~	冷却水	eau de refroidissement
dead ~	死水区	eau morte/eau au repos
distilled ~	蒸馏水	eau distillée
fresh ~	清水；淡水	eau douce
ground ~	地下水	eau souterraine
hard ~	硬水	eau dure
head ~	上游	hauteur d'eau
lime ~	石灰水	eau de chaux
salt ~	盐水	eau salée/saumure
sea ~	海水	eau de mer
water-tunnel	水洞	**tunnel hydraulique**
waterway	水道；水路	**voie navigable**
spiral ~	螺旋形水路	voie navigable en colimaçon
wattmeter	瓦特表；功率计	**wattmètre**
recording ~	自记式瓦特表	enregistreur de puissance
thermistor ~	热敏电阻式瓦特表	wattmètre de la thermistance
wave	波；波动	**onde**
impulse ~	冲波；激波	onde impulsionnelle
pressure ~	压力波	onde de pression
reflected ~	反射波	onde réfléchie
shock ~	冲波；激波	onde de choc
wave-motion	波动	**mouvement des vagues**
way	路；方法	**voie**
spiral water ~	螺旋形水路	voie d'eau en colimaçon
wear	磨损	**usure**
excessive ~	过量磨损	usure excessive
wearing	磨损	**détrition**
wedge	楔；楔形物	**coin**
oil ~	油楔	coin d'huile

weight	重量;砝码	poids
balance ~	配重;平衡重;平衡块	contrepoids
counter ~	配重;平衡块	masselotte
dead ~	静载荷;静重;自重	poids mort
weir	堰	barre
thin-plate ~	薄壁堰	barre de plaque mince
triangular ~	三角堰	barre triangulaire
weld	焊接;焊缝	soudure
welding	焊接	soudage
well	井	puits
bore ~	钻井	puits de forage
drilled ~	钻井	puits forés
shallow ~	浅井	puits de surface
wettability	浸润性;湿润性	humidité
wheel	轮	roue
adjusting hand ~	调节手轮	roue d'ajustement manuelle
bucket ~	斗轮水车	roue hydraulique à augets
control hand ~	调节手轮	roue d'ajustement par contrôle manuel
drum ~	向心水车;鼓轮(盘)	roue hydraulique à tambour
gear ~	齿轮	roue dentée
scoop ~	斗轮水车	roue hydraulique
timing gear ~	定时齿轮	roue dentée à l'heure fixe
water ~	向心水车	roue hydraulique centripète
worm ~	蜗轮	turbine
whip	鞭;拍打	fouet
oil ~	油楔	coin d'huile
whirl	旋涡;涡	tourbillon
width	宽度	largeur

winch	绞盘;卷扬机	treuil
windings	绕组;缠绕	bobinages
wing	机翼;翼	aile
~ with valve	有阀翼板	aile avec vanne
air ~	机翼	ailes d'un avion
double acting ~	有阀翼板	aile à double effet
wire	线;导线;金属丝	fil
copper ~	铜线	fil de cuivre
earth ~	地线	fil de terre
ground ~	地线	fil de sol
work	功;工作;操作;著作	travail
compression ~	压缩功	travail de compression
effective ~	有效功	travail effectif
works	工厂	usine
workshop	工场	atelier
worm	蜗杆;螺杆	vis sans fin
wrench	扳手;扭转;拧	clé
adjustable ~	活动扳手	clé réglable
monkey ~	活动扳手	clé à molette
pipe ~	管扳手	clé tubulaire
pneumatic impact ~	风动扳手	clé à chocs pneumatique
socket ~	套筒扳手	clé de douille
tension ~	扭矩扳手	clé dynamométrique
torque tension ~	扭矩扳手	clé de couple moteur

| **X** | xylene | 二甲苯 | xylène |
| | xylol | 二甲苯 | xylol |

| **Y** | yielding | 屈服;屈服点 | point de fluage |

yoke	轭;架;套箍;结合	revêtement
liner spacer ~	衬套支架	revêtement d'espaceur
valve ~	阀框架	revêtement de soupape

Z zincing   镀锌   galvaniser

zone	区域;地带	zone
dead ~	死区;盲带	zone aveugle
low pressure ~	低压区	zone de dépression

第 2 部分

汉语-英语-法语泵技术词汇

泵	**pump**	**pompe**
泵站	pump station	station de pompe
泵房	pump house	chambre de pompe
泵系统	pump system	système de pompe
泵机组	pumping assembly/unit	unité de pompage
离心泵	centrifugal pump	pompe centrifuge
轴流泵	axial flow pump	pompe axiale
混流泵	mixed flow pump	pompe hélicocentrifuge/pompe mixte
单级泵	single stage pump	pompe monoétage
单吸泵	single suction/entry pump	pompe à simple entrée
双吸离心泵	double suction centrifugal pump	pompe centrifuge à double entrée
立式/卧式泵	vertical/horizontal pump	pompe verticale/horizontale
安全注射泵	safety injection pump	pompe à injection de sécurité
备用泵	stand-by pump	pompe de secours
深井泵	borehole pump	pompe de forage
潜水深井泵	borehole submerged pump	pompe de forage immergée
长轴深井泵	borehole shaft driven pump	pompe centrifuge de forage extraînée par l'axe
船用泵	marine pump	pompe marine
低加疏水泵	drainage pump for low pressure heater	pompe de drainage pour réchauffeur basse pression
电磁泵	electromagnetic pump	pompe électromagnétique
分段式多级泵	multistage segmental type pump	pompe à plusieurs étages à segments
隔膜泵	diaphragm pump	pompe à diaphragme
建筑工程用泵	building site pump	pompe de chantier
管道泵	pipeline mounted pump	pompe pour pipelines
锅炉给水泵	boiler feed water pump	pompe d'alimentation de chaudière
化工用泵	chemical pump	pompe chimique

活塞泵	piston pump	pompe à piston
计量泵	metering pump	pompe doseuse
流程泵	process pump	pompe de process
螺杆泵	screw pump	pompe à vis
耐酸泵	acid pump	pompe à acide
泥浆泵	filter mud pump	pompe de filtrage de boue
冷凝泵	condensate pump	pompe à condensat
排水泵	draining pump	pompe de drainage d'eau souterraine
喷淋泵	spary pump	pompe d'aspersion
射流泵	jet pump	pompe à jet
屏蔽泵	canned motor pump	pompe à moteur blindé
前置泵	booster pump	pompe de relevage
清水泵	clean water pump	pompe d'eau potable
取暖用泵	heating pump	pompe de chauffage
热水循环泵	hot water circulating pump	pompe de circulation à eau chaude
通用泵	ordinary pump/universal pump	pompe à usage général
污水泵	effluent pump/sewage pump	pompe à effluent
消防泵	fire pump	pompe à incendies
循环泵	circulating pump	pompe de circulation
叶片泵	rotodynamic pump/turbo pump/vane pump	pompe rotodynamique
叶片可调式轴流泵	axial flow pump with adjustable (or variable) pitch blades	pompe axiale à aubes réglables
叶片可调式混流泵	mixed flow pump with adjustable (or variable) pitch blades	pompe mixte/hélicocentrifuge à aubages réglables
油泵	oil pump	pompe à huile
余热排出泵	residual heat removal pump	pompe d'extraction de la chaleur résiduelle
真空泵	vacuum pump	pompe à vide

纸浆泵	paper stock pump	pompe de pâte à papier
柱塞泵	plunger（ram）pump	pompe à plongeur
自吸泵	self-priming pump	pompe auto-amorçable
侧流道泵	side channel pump	pompe à canal latéral
齿轮比例泵	adjustable discharge gear pump	pompe à engrenage de décharge réglable
低温泵	cryopump	pompe cryogenique
辅助泵	auxiliary pump	pompe auxiliaire
航空用泵	aviation pump	pompe d'aviation
灰渣泵	ash pump	pompe à cendre
可调隔膜泵	adjustable diaphragm pump	pompe à diaphragme réglable
螺旋离心泵	helico-centrifugal pump	pompe hélico-centrifuge
汽车用泵	automobile pump	pompe d'automobile
汽车发动机冷却泵	engine cooling pump	pompe à eau
熔盐泵	molten salt pump	pompe à saumure
圆盘摩擦泵	disc pump	pompe à disques
微型泵	micro-pump	micro pompe
旋涡泵	peripheral pump	pompe périphérique
液态金属泵	pump for liquid metals	pompe à métaux liquides
脉冲泵	pulse pump	pompe alternative
喷水推进泵	water-jet pump	pompe à jet
喷灌泵	agricultural spray pump	pompe de pulvérisation
液化天然气用低温泵	cryo pump for LNG	pompe cryogenique pour LNG（gaz naturel liquéfié）
柴油机驱动泵	diesel pump	pompe de diesel
陶瓷泵	ceramic pump	pompe en céramique
凸轮转子式刮片泵	cam rotor vane pump	pompe rotative à cames
电动潜油泵	electric submersible pump	pompe électrique immergée
齿轮泵	gear pump	pompe à engrenage
高速泵	high speed pump	pompe à haute vitesse

罗茨泵	lobe pump	pompe "Roots"/pompes à lobes
性能	**performance**	**performance**
动态特性曲线	dynamic characteristic curve	courbe caractéristique dynamique
静态性能曲线	static characteristic curve	courbe caractéristique statique
系统曲线	system curve	courbe caractéristique du système
端;侧;方面	side	côte
低压面	low pressure side	côte de pression basse
叶片工作面	front/leading side of vane	côte amont de l'aube
功率	power	puissance
额定功率	rated power	puissance nominale
输入/输出功率	input/output power	puissance d'entrée/sortie
介质	medium	milieu
流动;气流	stream	courant
上游	up stream	en amont
下游	down stream	en aval
流量	flow rate	débit
额定流量/设计流量	design flowrate	capacité nominale
流通;通过	passage	passage
流道	flow passage	passage de fluide
模型;样品;图像	pattern	modèle/configuration
金属模	metal pattern	moule en métal
木模	wood pattern	moule en bois
扭矩;转矩	torque	couple
淡水;清水	fresh water	eau douce
地下水	ground water	eau souterraine
冷却水	cooling water	eau de refroidissement
盐水	salt water	eau salée/saumure
蒸馏水	distilled water	eau distillée

扬程;水头;压头	head	hauteur
必需汽蚀余量	required net positive suction head	hauteur d'aspiration positive nette requise
负水头	negative head	hauteur négative
关死扬程	shut-off head/head at zero capacity	hauteur à débit nul
汽蚀余量	net positive suction head	hauteur d'aspiration positive nette
水头	head of water	hauteur de chute
有效汽蚀余量	available net positive suction head	hauteur d'aspiration disponible
有效水头;净扬程	effective head	hauteur effective
温度	temperature	température
系数	coefficient	coefficient
阻力系数	coefficient of resistance	coefficient de résistance
相似;模拟	analogy	analogie
水力相似	hydraulic analogy	analogie hydraulique
雷诺相似	Reynolds analogy	analogie de Reynolds
相似	similarity	similitude
效率	efficiency	rendement
满载效率	full load efficiency	rendement à pleine charge
平均效率	average efficiency	rendement moyen
全效率	total efficiency	rendement global
水力效率	hydraulic efficiency	rendement hydraulique
最大效率	peak efficiency	rendement maximal
最佳效率	optimal efficiency	rendement optimal
形状;模型;成形	shape	forme
型;型号;样式	type	type
性能;特性	characteristic	caractéristique
旋转;转动	revolution	révolution/nombre de tours
额定转速	rated revolution	nombre de tours nominal

临界转速	critical revolution	nombre de tours critique
每分钟转速	revolution per minute	nombre de tours par minute
每秒钟转速	revolution per second	nombre de tours par seconde
空转	race rotation	rotation à vide
逆时针方向旋转	counter clockwise rotation	rotation dans le sens antihoraire
顺时针方向旋转	clockwise rotation	rotation dans le sens horaire
压力	pressure	pression
常压	normal pressure	pression normale
正压	positive pressure	pression positive
负压	negative pressure	pression négative
绝对压力	absolute pressure	pression absolue
相对压力	relative pressure	pression relative
黏度;黏性	viscosity	viscosité
转速	revolution speed	vitesse de rotation
额定转速	normal/rated speed	vitesse nominale
飞逸转速	runaway speed	survitesse
比转速	specific speed	vitesse spécifique
同步转速	synchronous speed	vitesse synchrone
数据	**data**	**données**
流体动力学	fluid dynamics	hydrodynamique
流体力学	fluid mechanics	mécanique des fluides
静力学	statics	statique
百分比;百分率	percent	pourcent
剪切	shear	cisaillement
拉伸	stretch	étirement
半径	radius	rayon
边界	boundary	limite
尺寸;量纲;因次	dimension	dimension

尺寸;大小;度量	size	taille
大括号	brace	parenthèse
点	point	point
顶点;峰值;顶部	peak	pic
波峰	wave peak	pic d'onde
顶点	apex	pointe
公式	formula	formule
横坐标	abscissa	abscisse
弧度	radian	radian
基准线;基准面;资料	datum	repère
基准线	baseline	ligne de référence
加号	plus	plus
加速度	acceleration	accélération
角	angle	angle
入射角	angle of incidence	angle d'incidence
锐角	acute angle	angle aigu <90°
旋转角	angle of rotation	angle de giration/angle de rotation
压力角	pressure angle	angle de pression
叶片安放角	blade angle	angle de profil
叶片包角	wrapping angle of blade	angle de déformation
叶片进/出口角	blade inlet/outlet angle	angle d'entrée/sortie du profil
攻角;迎角;冲角	incidence angle	angle d'incidence
近似法;近似值;逼近法	approximation	approximation
逐次逼近法	successive approximation	approximation successive
孔径;开度;光圈	aperture	ouverture
宽度	width	largeur
(力)矩;瞬时	moment	moment
力矩	moment of force	moment d'une force
惯性矩;转动惯量	moment of inertia	moment d'inertie

转动力矩;扭矩	turning moment/torque	moment de torsion/couple
力	force	force
轴向力	axial force	force axiale
阻力	resistance force	force résistante
量;数量	quantity	quantité
泄漏量	quantity of leakage	quantité de fuite
近似值	approximate quantity	valeur approximative
临界值	critical quantity	valeur critique
矢量;向量	vector quantity	valeur du vecteur
面积;区域;范围	area	aire/section
出口面积	exit area	aire de sortie
横截面积	cross section area	aire de section transversale
流道(横截)面积	passage area	aire du passage
叶轮进口面积	impeller inlet area	aire d'entrée de la roue
有效截面积	effective sectional area	aire effective de la section
有效面积	effective area	aire effective
摩擦力	friction	friction
抛物线	parabola	parabole
平方;乘方;正方形	square	carré
平行线;平行;并联	parallel	parallèle
三角形	triangle	triangle
设计数据	design data	données nominales
试验数据	test data	données expérimentales
图表	chart/diagram	graphique
弯度;曲度;弧;曲面	camber	cambrure
象限	quadrant	quadrant
斜面	cant	pente
直径	diameter	diamètre
值;大小;价值;意义	value	valeur

周长;周围;周边	perimeter	périmètre
周期;期间	period	période
轴	axis/axial	axe
横坐标轴	axis of abscissa	axe d'abscisse
坐标轴	coordinate axis	axe de coordonnées
轴向	axial	axiale
纵坐标轴	ordinate axis	axe d'ordonnée
坐标	coordinate	coordonnées
精度	precision	précision
定积分	definite integral	intégrale définie
不定积分	indefinite integral	intégrale indéfinie
偏微分	partial differential	différentielle partielle
求导	derivation	dérivation
概率	probability	probabilité
动能	kinetic energy	énergie cinétique
势能	potential energy	énergie potentielle
动量	momentum	quantité de mouvement
逆矩阵	inverse matrix	matrice inverse
绘图	**plotting**	**tracer**
倒角;槽;倒圆	chamfer	chanfreiner
草案;计划;方案	scheme	schéma
尺度;比例;刻度;等级	scale	échelle
垂线;垂直	perpendicular	perpendiculaire
代号;代码	code	code/codage
线	line	ligne
基准线	baseline	ligne de référence
对角线	diagonal line	ligne diagonale
管路;管线	pipe line	tuyau

基准线	datum line	ligne de référence
流线	flow line	ligne de courant
实线	full line	ligne continue
虚线	dashed line	ligne en pointillé
法线	normal line	ligne normale
折线	polygonal line	ligne polygonale
中心线	center line	ligne centrale
厚度	thickness	épaisseur
绘图;图纸	drawing	plan/dessin
安装图	installing drawing	plan d'installation
管路图	piping drawing	plan de la tuyauterie
零件图	detail drawing	plan de pièces détachées
剖面图	sectional drawing	plan de coupe
示意图;简图	schematic drawing	plan schématique
装配图	assembly drawing	plan d'assemblage
视图;观察;样式;观点	view	vue
放大图	enlarged view	vue élargie
间隙	clearance	écart/jeu
径向间隙	diametral clearance	jeu radial
配合间隙	tolerance clearance	jeu d'ajustement
轴向间隙	axial clearance	jeu axial
键槽	keyway	rainure de clavette
螺旋槽	spiral groove	rainure annulaire
轮毂	hub	moyeu
计划	plan	plan
序号	ordinal number	nombre d'ordre
圆角	fillet	arrondi de bec
重量	weight	poids

轴承	bearing	palier/roulement
巴氏合金轴承	babbit metal bearing	palier lisse anti-friction
辅助轴承	auxiliary bearing	roulement auxiliaire
减摩轴承	anti-friction bearing	palier anti-friction
滚动轴承	ball/rolling bearing	roulements à rouleaux
滚针轴承	needle bearing	palier à aiguille
滑动轴承	sliding（plain）bearing	palier d'antifriction
径向滚子轴承	radial roller bearing	roulement radial à rouleaux
径向球轴承	radial ball bearing	roulement à billes radial
米切尔型推力轴承	Michell type thrust bearing	palier de poussée de type Michell
强制润滑轴承	forced oil lubricated bearing	palier auto-lubrifié
水润滑轴承	water lubricating bearing	palier lubrifié à eau
调心轴承	self-aligning bearing	palier à alignement automatique
推力轴承	thrust bearing	palier de butée
橡胶轴承	rubber bearing	palier en caoutchouc
油脂润滑轴承	grease lubricated bearing	palier lubrifié à graisse
轴颈轴承	journal bearing	palier lisse
传动端轴承部件	bearing element	élément de palier
非传动端轴承部件	non-driving bearing element	élément de palier libre

密封	seal	joint
浮动环密封	float-ring seal	joint annulaire flottant
机械密封	mechanical seal	joint mécanique
迷宫密封	labyrinth seal	joint de labyrinthe
水封	liquid/water seal	joint à l'eau
填料密封	packing seal	joint d'étanchéité
油封	oil seal	joint à huile
密封部件	seal element	partie de joint
填料环	lantern ring	anneau d'étanchéité

| 填料 | packing | garniture |
| 挡水圈 | water baffle | retenue d'eau |

零件	**part**	**pièce**
O 形圈	O-ring	joint d'étanchéité
板	plate	plaque/plateau
挡板	baffle plate	plaque de retenue/plaque de soutien
级间隔板	interstage plate	plaque interétage
孔板	orifice plate	plaque d'orifice
平衡板	balance plate	plaque d'équilibrage
杯;盘;帽	cup	tasse/coupe/godet
油杯	oil cup	graisseur à huile
部分;零件;部件	part	pièce
备品;备件	repair/service/space part	pièce de réserve/pièce de service
弹簧垫片	spring gasket	joint à ressorts
衬里;衬套	liner	garniture
轴承瓦;轴承衬套	bearing liner	garniture de roulement
衬套	bush	manchon/séparateur
定位套	locating bush	manchon de localisation
节流衬套;卸压衬套	throttling bush	bague de fond/manchon d'étranglement
节流套	leak off bush/throttling sleeve	manchon d'étranglement
节流(平衡)座套	restriction bush	manchon de restriction
填料垫	stuffing box neck bush	manchon de régulation de presse-étoupe
卸压套	diaphragm bush/unloading sleeve	manchon de diaphragme
轴承衬套	bearing bush	manchon de roulement à billes
齿轮箱	gear box	boîte de vitesses
出水段	discharge casing	section de sortie d'eau
出水弯管	discharge elbow	coude de refoulement

挡板;导流片	baffle	baffle
导向叶片;导向筋	guide baffle	baffle de guide
挡板	guard	garde
挡水圈	water baffle	déflecteur d'eau
挡油环	oil guard	garde d'huile
导流体	deflector	déflecteur
导向块	guide piece	pièce de guidage
导叶;导流器	diffuser	diffuseur
导叶壳体	diffuser casing	boîtier de diffuseur
导轴承	guide bearing	palier de guidage
导轴承座	guide bearing base	base de palier de guidage
底座	baseplate	base
电机架	motor rack	support de moteur
电缆	cable	câble
垫块	pad	cale
法兰	flange	rebord
盖;罩	lid	couvercle
盖;套;壳;罩	cover	couvercle/protection
泵盖	casing cover	couvercle
端盖	end cover	couvercle de siège
隔板	diaphragm	diaphragme
挂钩	shackle	crochet
过滤器	filter	filtre
盒;壳体;套;包装	casing	boîtier
吸入室;进水段	suction casing	boîtier d'aspiration
有抽头的中段	stage casing with bleed off	boîtier de corps de pompe
中段	stage	étage
环;圈	ring	anneau/bague/joint
开口环	split ring	bague fendue

口环	neck ring	colerette
拉力环	pull up ring	anneau de tension
密封环;磨损环	wear ring	anneau d'usure
填料环;套环	lantern ring	anneau de lanterne/anneau de remplissage
环;圈;环状物	collar	collier
推力盘	thrust collar	collier de poussée
加强筋	brace	vilebrequin
架;支架	frame	cadre
交换器	exchanger	échangeur
热交换器	heat exchanger	échangeur de chaleur
金属软管	metallic conduit	conduit métallique
筋板	reinforcing plate	plaque de renfort
进口短管	suction stub	embout d'aspiration
进水室	intake chamber	chambre d'admission
进水喇叭	suction bellmouth	buse d'aspiration/buse d'entrée
冷却套	cooling jacket	gaine de refroidissement
笼;盒;罩	cage	cage
水封环	water seal cage	joint d'étanchéité à l'eau
轮毂;衬套	hub	moyeu
铭牌	nameplate/data plate	plaque signalétique
抛油环	flinger	rondelle autolubrifiante
挡油圈	oil flinger	déflecteur d'huile
平衡鼓;平衡盘	balance drum/disc	tambour d'équilibrage
平衡回水管	balance pipe	tuyau d'équilibre
冷却水管	cooling tube	tube de condenseur
前盖板	front shroud	flasque avant
蛇管;软管	hose	tuyau flexible
室;腔	chamber	chambre
除尘室	dust chamber	chambre de dépoussiéreur

冷却室	cooling chamber	chambre de refroidissement
平衡室	balancing chamber	chambre d'équilibrage
蜗室	volute chamber	chambre de volute
吸入室	suction chamber	chambre d'aspiration
溢流室	overflow chamber	chambre de déversement/ déversoir
轴承冷却室	bearing cooling chamber	chambre de refroidissement de palier
收集器	collector	collecteur
除尘器	dust collector	collecteur de poussières
集液盘	liquid collector	collecteur de liquide
集油器	oil collector	collecteur d'huile
弹簧	spring	ressort
板簧	flat spring	ressort plat
填料函体	stuffing box	presse-étoupe
填料压盖	gland	presse-étoupe
调整块	make-up piece	bloc d'adjustment
筒体	can/barrel	réservoir/chambre
凸轮	cam	came
吐出;出口	discharge/outlet	sortie/tube/tuyau
吐出管	discharge nozzle	tuyau de décharge
吐出	exhaust	échappement
排气	air exhaust	échappement d'air
阀座	valve carrier	support de valve
轴承座	bearing carrier	support de palier
闸瓦;制动器	shoe	patin/semelle
推力瓦	thrust shoe	patin de poussée
外壳;套;罩	housing	boîtier
轴承箱	bearing housing	boîtier de palier
吸入段	suction section	section d'aspiration

吸入管	suction nozzle	ajustage de succion
芯包	core	noyau
旋塞	cock	purge
放水旋塞	drain cock	purge de drain
放气旋塞	air release/vent cock	purge de désaération
叶轮	impeller	roue
半开式叶轮	semi-open impeller	roue semi-ouverte
闭式叶轮	closed impeller	roue fermée
混流叶轮	mixed flow impeller	roue mixte
径流式叶轮	radial impeller	roue radiale
开式叶轮	open impeller	roue ouverte
双流道叶轮	double channel impeller	roue double
双吸叶轮	double inlet impeller	roue à double aspiration
叶片	blade	aube
背叶片	back blade	aube arrière
导叶片	guide blade	aube de guidage
固定叶片	fixed blade	aube fixe
可拆式叶片	detachable blade	aube amovible
可调叶片	adjustable blade	aube réglable
空间叶片	three dimensional blade	aube tridimensionnelle
扭曲叶片	twisted blade	aube vrillée
弯曲叶片	cambered blade	aube cambrée
叶片	vane	aube
扭曲叶片	distortional vane	aube de distorsion
反导叶	return guide vane	aube de canal de retour
一块;一件;段;零件	piece	pièce
连接件	connecting piece	pièce de jonction
锥形管	taper piece	tube conique
诱导轮	inducer	inducteur

元件;部件	element	élément
罩壳	housing can	boîtier
支架;托架	bracket	support
泵托架	pump bracket	support de pompe
轴承架	bearing bracket	support de roulement
中段	interstage casing	manchon intercallaire
轴	shaft	arbre
从动轴	driven shaft	arbre commandé
弹性轴	flexible shaft	arbre flexible
空心轴	hollow shaft	arbre creux
偏心轴	eccentric shaft	arbre excentrique
驱动轴	drive shaft	arbre de puissance
中间轴;副轴	counter/intermediate shaft	contre-arbre
轴承端盖	bearing end cover	couverture d'extrémité de tige à palier
轴承体	bearing housing	boîtier de palier
轴套;套	sleeve	manchon
定位套	locating sleeve	manchon de localisation
级间密封套	interstage sleeve	manchon intercallaire
轴承套	bearing sleeve	manchon de palier
轴套	shaft sleeve	manchon d'arbres
轴套螺母	shaft sleeve nut	écrou manchon d'arbre
转向盘;方向盘	steering wheel	volant
转子	rotator/rotor	rotor
装配;配件;机组	assembly	assemblage
锥形管;收缩管	reducer	réducteur
座;位置;部位	seat	siège
平衡板	balance disc seat	siège d'équilibrage
弹簧座	spring seat	siège de ressort

泵体	pump casing	corps de pompe
泵体通气孔	pump casing vent	ventilation du corps de pompe
泵体衬套	pump casing insert	douille du corps de pompe
泵罩	outer pump mantle	manchon extérieur de pompe
转子部件	rotating element	élément rotatif
轴瓦(套筒)	bush	manchon/séparateur
泵支架	carrier	porteur
托架支架	bracket carrier	support
外筒体	barrel	réservoir/chambre
出水壳体	discharge casing	boîtier de décharge
吐出管	discharge nozzle	tuyau de décharge
级间套;挡套	interstage sleeve	manchon intercallaire

联接件	connection	connecteur
波纹管	bellows	tuyau flexible
穿杠	tie bolt	boulon de serrage
垫圈	gasket/washer	joint/rondelle
吊钩	hook	crochet
吊环螺钉	eyebolt	boulon
钉	nail	clou
定位销(钉)	dowel	goujon
阀门	valve	valve/vanne
安全阀	safety valve	vanne de sécurité
蝶阀	butterfly valve	vanne à papillons
减压阀	relieapressure-reducing valve	vanne de régulation de pression
节流阀	throttle valve	vanne d'étranglement
截止阀	stop/shut-off valve	vanne d'arrêt
逆止阀;单向阀;止回阀	back/check valve	vanne de contrôle
逆止阀;止回阀	non-return valve	vanne anti-retour

排气阀	vent valve	vanne de ventilation
球阀	globe/ball valve	vanne à boisseau sphérique
调节阀	adjusting valve	vanne de réglage
泄放/溢流/排出阀	discharge valve	vanne de décharge
溢流阀	overflow valve	vanne de débordement
闸阀	gate valve	vanne guillotine
法兰	flange	rebord
管堵;螺塞	plug	bouchon
节流塞	orifice plug	bouchon d'orifice
螺塞	threaded plug	bouchon fileté
管接头	nipple/pipe adapter	mamelon/adaptateur du tuyau
管卡	pipe fixture	fixation de tuyau
键	key	clé
接头	adapter/connector	adaptateur
紧固件	fastener	attache
开口弹簧挡圈	circlip	anneau élastique
联轴器	coupling	accouplement
齿形联轴器	gear-type coupling	accouplement à engrenage
弹性联轴器	flexible coupling	accouplement flexible
叠/模/钢片联轴器	metal diaphragm coupling	accouplement à diaphragme métallique
刚性联轴器	rigid coupling	accouplement rigide
螺纹联轴器	screwed coupling	accouplement vissé
套管联轴器	thimble coupling	cosse d'accouplement
套筒联轴器	sleeve/muff coupling	accouplement à manchon
爪形联轴器	jaw coupling	accouplement à griffes
柱销联轴器	pin coupling	accouplement à goupille
锥形联轴器	taper coupling	accouplement conique
螺钉	screw	vis
定位螺钉	fixing screw	vis de fixation

六角螺钉	socket head cap screw	vis à tête hexagonale
起重螺钉	lift screw	vis de levage
丝杠	guide/lead screw	vis de guidage
锁紧螺钉	locating/locking screw	vis de positionnement
圆柱销紧定螺钉;沉头螺钉	grub screw	vis à tête noyée
止动螺钉;定位螺钉	set screw	vis de fixation
螺母	nut	écrou
活接头螺母;接头螺母	union nut	écrou de raccord
锁紧螺母	lock nut	écrou de verrouillage
调整螺母	adjusting nut	écrou de réglage
螺栓	bolt	boulon
出水端盖螺栓	bolt for discharge cover	boulon de couvercle de fond
地脚螺栓	anchor/foundation bolt	boulon d'ancrage
吊环螺钉	eye/ring bolt	boulon à oeuillet
起重螺栓	jack/lifting bolt	boulon de cric
螺栓孔	bolt-hole	trou de boulon
铆钉;铆接	rivet	rivet
排水管;排出口	drain	drain
排油	oil drain	vidange d'huile
青壳纸	fish paper	papier isolant
三通	tee	tube à trois voies
双头螺柱	stud	vis à cheville
通气口	vent	évent/air
弯头;弯曲	bend	coude
U 形管	return bend	tube en U
吐出弯管	discharge bend	coude de sortie
弯管	pipe bend	tube coudé
直角弯管	normal bend	coude normal

弯头	elbow	coude
销	pin	cheville
定位销	dowel/locating/set pin	cheville de localisation
开口销	cotter/split pin	clavette
止动垫圈	lockwasher	rondelle de frein bloquée
锥度销	taper dowel	goupille conique
防松垫圈	lock washer	rondelle de frein
锥销	taper dowel	goupille conique
销钉	pin	rondelle de blocage
截止阀	stop valve	soupape d'arrêt
主螺柱防护帽	stud protection cap	capuchon de protection du goujon

材料	**material**	**matériel**
奥氏体	austenite	austénite
巴氏合金	babbit	babbit/alliage blanc
材料	material	matériau
刚度;刚性;硬度	rigidity	rigidité
钢	steel	acier
不锈钢	stainless steel	en acier inoxydable
铬钢	chrome steel	acier au chrome
工字钢	H-section steel	profilé en H
角钢	angle steel	cornier en acier
镍钢	nickel steel	acier au nickel
碳钢	carbon steel	acier au carbone
型钢	profile/section/shaped steel	acier profilé/profilé d'acier/production d'acier formé
圆钢	round steel	acier rond
软钢;低碳钢	mild steel	acier souple
工字钢	I-beam steel	profilé en I
硅黄铜	silzin	cuivre jaune au silicium

合金	alloy	alliage
铝合金	aluminum alloy	alliage d'aluminium
耐酸合金	acid resisting alloy	alliage résistant à l'acide
黄铜	brass	cuivre jaune
金属	metal	métal
聚四氟乙烯	PTFE	polytétrafluoroéthylène
耐蚀	anticorrosion	anticorrosion
镍	nickel	nickel
纤维;硬纸板	fibre	fibre
玻璃纤维	glass fibre	fibre de verre
石棉纤维	asbestos fibre	fibre d'amiante
碳素纤维	carbon fibre	fibre de carbone
强度;力量	strength	intensité/force
抗拉强度	tensile strength	force de traction
抗压强度	pressure strength	force de pression
青铜	bronze	bronze
铝青铜	aluminum bronze/albronze	bronze aluminium
镍青铜	nickel bronze	bronze au nickel
磷青铜	phosphor bronze	bronze au phosphore
硅青铜	silicon bronze	bronze au silicium
柔性石墨	flexible graphite	graphite flexible
石棉	asbestos	amiante
树脂浸渍石棉	resin-impregnated asbestos	amiante imprégné de résine
油浸石棉	oil asbestos	amiante imprégné d'huile
树脂	resin	résine
塑料	plastic	plastique
陶瓷	ceramics	céramique
铁	iron	fonte
铁素体	ferrite	ferrite

橡胶	rubber	caoutchouc
天然橡胶	natural rubber	caoutchouc naturel
乙丙橡胶	ethylene propylene rubber（EPDM）	caoutchouc éthylène-propylène
应力	stress	contrainte
残余应力	residual stress	contrainte résiduelle
许用应力	allowable stress	contrainte admissible
张力;拉力	tension	tension
铸硅黄铜	cast silicon brass	coulée en laiton

生产制造	**manufacture**	**fabrication**
安装	install	installer
拆卸;解体	disassembly	démontage
切削	cutting	coupe/section
垂直度	perpendicularity	perpendicularity
粗糙度;粗糙性	roughness	rugosité
绝对粗糙度	absolute roughness	rugosité absolue
相对粗糙度	relative roughness	rugosité relative
表面粗糙度	surface roughness	rugosité de surface
淬火	quenching	trempage
镀铬	chroming	chromer
镀镍	nickeling	nickeler
镀铜	copper coated	cuivrer
镀锌	zincing	galvaniser
发黑处理	enameling	émailler
工具;仪器	instrument	instrument
工具;刀具;方法	tool	outil
工艺;技术	technology	technologie
公差;余量	allowance	tolérance
装配公差	fitting allowance	tolérance du montage

刮研	scraping	raclage
过程;流程;工序	process	processus/procédure
焊接	welding	soudage
机器;机械加工	machine	machine
机械;机器;设备	machinery	appareil
夹具;装配架	jig	gabarit
精加工;磨光	finishing	finition
连接;焊接;接头	joint	joint
毛刺;飞边	burr	bavure
面;表面	face	face/front
配合	fit	conformité/compatibilité
过渡配合	medium fit	conformité de marériau
静配合	stationary fit	conformité stationnaire
清理	cleaning	nettoyage
退火	annealing	recuit
调质	hardened and tempered	traitement modifié
位置;地点;状态	position	position
余量;限度	margin	marge
制造	manufacture	fabrication
安装面	installing surface	surface d'installation
试验	**test**	**essai**
U 形管	U-tube	tube en U
按钮	button	bouton
扳手力矩	spanner torque	couple de la clé
臂;支管;指针	arm	levier
调节杆	adjusting arm	levier de réglage
变形;形变	deformation	déformation
测量;测定	measurement	mesure
床;台;机座;地基	bed	banc

试验台	test bed	banc d'essais
大修;检修	overhauling	révision complète
代码;规范;程序;指令	code	procédure/code/codage
试验规范;试验规程	test code	procédure d'essais
等级;级;类	class	classe
精度等级	accuracy class	classe de précision
堵塞	clogging	colmatage
度;等级;程度	degree	degré
方向;指向	direction	direction
旋转方向	direction of rotation	direction de rotation
分析	analysis	analyse
近似分析	approximate analysis	analyse approximative
动力分析;动态分析	dynamic analysis	analyse dynamique
误差分析	error analysis	analyse d'erreurs
应力分析	stress analysis	analyse de stress
干线;总管	main	conduite
共振;谐振;共鸣	resonance	résonance
管	tube/pipe	tube
文丘里管	Venturi tube	tube de Venturi
合成;合成量;合力	resultant	résultante
合力	resultant of forces	effort résultant
回路	circuit/loop	boucle
封闭回路	closed loop	boucle fermée
冷态试验回路	cold test loop	boucle d'essai à froid
计;表;规	gauge	détecteur/jauge
液位计	liquid level gauge	détecteur de niveau de liquide
油位计	oil (sight) gauge	détecteur de niveau d'huile
压力计	pressure gauge	détecteur de niveau de pression/manomètre
真空表	vacuum gauge	détecteur de vide

液面计	water level gauge	détecteur de niveau d'eau
计划;程序	program	programme
试验大纲	test program	programme d'essai
间隙;游隙	clearance	jeu
径向间隙	diametral clearance	jeu radial
运转间隙	running/working clearance	jeu de fonctionnement
轴向间隙	axial clearance	jeu axial
检查;防止	check	vérification
检查;检验	inspection	inspection
质量检验	quality inspection	inspection de qualité
抽检	sampling inspection	échantillonnage
精度;准确性	accuracy	précision
开关;转换器	switch	commutateur
铠装	armour	armature
孔板	orifice	orifice
控制;调节;管理;检查	control	contrôle
流量调节	flow control	contrôle de flux
手动控制	hand/manual control	contrôle manuel
压力调节	pressure control	contrôle de pression
温度调节	temperature control	contrôle de température
流量计	flowmeter	débitmètre
直流电源	DC electrical source	alimentation en courant continu (CC)
挠度;偏转	deflection	déflection
偏心率;偏心距	eccentricity	excentricité
汽蚀	cavitation	cavitation
初生汽蚀	initial cavitation	cavitation initiale
切割;切断	switch-off	interrompre/éteindre/couper
清除;消除	clearing	détecteur

故障排除	clearing of fault	détecteur de pannes
热电偶	thermocouple	thermocouple
试验;测试	test	essai
全速试验	full speed test	essai à pleine vitesse
模型试验	model test	essai de modèle
超负荷试验	overload test	essai de surcharge
超速试验	over-speed test	essai de survitesse
性能试验	performance test	essai de performance
可靠性试验	reliability test	essai de fiabilité
试验	experiment	expérience
试样;试件	sample	échantillon
试样;试验;分析	assay	essai de conception
调整;调节	adjustment	ajustement
调零	zero adjustment	mise à zéro
跳动;脉动	beat	battement
温度传感器	temperature sensor	capteur de température
温度计	thermometer	thermomètre
误差	error	erreur
绝对误差	absolute error	erreur absolue
容许误差	allowable error	erreur autorisée
相对误差	relative error	erreur relative
系统误差	systematic error	erreur systématique
压力表(计)	manometer	manomètre
验收	acceptance	acceptation/approbation
仪表	instrument	instrument
振动(荡)	vibration	vibration
振幅;范围	amplitude	amplitude
噪声	noise	bruit
声压级	sound pressure level	niveau de pression acoustique

柱;列	column	colonne
水银柱	mercury column	colonne de mercure
状态;条件	condition	condition
试验条件	condition of testing	condition d'essai
临界状态	critical condition	condition critique
正常状态	normal condition	condition normale
运行工况;运行条件;工作状态	operating condition	condition de fonctionnement
作用;动作;运转	action	action
传感器;敏感元件	sensor/transducer	capteur/indicateur
压差传感器	differential pressure transducer	capteur de pression différentielle

其他	**others**	**autre**
安装;装置	installation	installation
扳手;扳钳	spanner	clé plate
活动扳手;活扳手	jaw spanner	clé de serrage à mâchoires
套筒扳手	socket spanner	clé à douille
斜口扳手	offset spanner	clé à pipe
备品;备件	spare part	pièces de rechange
边(缘);刃	edge	bord
标记;商标;牌号	brand	marque
标准器;标准;规格	standard	standard/critère/norme
表面;面;面积	surface	surface
部件;机组;汇编	assembly	assemblage
操作者	operator	opérateur
产品;成果	product	produit
超负荷	overload	surcharge
超速	overspeed	survitesse
齿轮	gear	engrenage
齿轮箱	gearbox	boîte d'engrenages

除气器	deaerator	dégazeur/aérateur
传动端	drive ends	embout d'entraînement
大气	atmosphere	atmosphère
单位;机组;装置;组合件	unit	unité
控制装置	control unit	unité de contrôle
备用机组(设备)	stand-by unit	unité auxiliaire
电动机;发动机	motor	moteur
电缆	cable	câble
电压	voltage	voltage
垫片;定位套;隔套(板)	spacer	entretoise
端部;结束;终端	end	fin
反馈;回授	feedback	rétroaction
返回;回程	return	retour
范围;距离;列	range	portée/échelle
工作区域	working range	échelle de travail
方式;方法;手段;工具	means	moyens
放大器	amplifier	amplificateur
废物;损耗;浪费	waste	rebut/déchets
分离器	splitter	séparateur
分析器	analyser	analyseur
浮标	buoy	bouée
浮力;弹性	buoyance	flottabilité
符号;记号	symbol	symbole
辅助装置	auxiliaries	auxiliaires
腐蚀	corrosion	corrosion
负载;负荷	load	charge
连接杆	attachment rod	tige de fixation
工场;车间	workshop	atelier

工厂	plant	installation
工厂	works	usine
工程	engineering	ingénierie
工程;项目;设计;投影	project	projet
工作;运转	running	fonctionnement
干运转	dry running	fonctionnement à sec
工作制度;负载;功能	duty	devoir/tâche
功;工作;操作;著作	work	travail
供应;补给;供水;水源	supply	alimentation
供热	heat supply	fourniture de chaleur
供油(润滑油/燃油)	oil supply	alimentation en huile/carburant
估计;评定;估价	estimation	estimation
关闭	shut-down	fermeture/arrêt
T 形管	tee pipe	tube en T
回流管	return pipe	tube en U
排气管	air-exhaust pipe	tube d'évacuation d'air
排水管	drain pipe	tube de drainage
盘管;螺旋管;蛇形管	coil pipe	serpentin
旁通管	by-pass pipe	tube de dérivation
三通管	three way pipe	tube trois voies
支管;分流管	branch pipe	embranchement/raccordement
规定;规范;尺子	rule	règle
滚柱;滚轮;滚筒	roller	rouleau
过滤器;滤波器;滤纸	filter	filtre
虹吸作用;虹吸	siphonage	siphonage
滑块;游标;滑板	slipper	curseur
滑移;滑板;滑块	slide	glissière
活塞	piston	piston
基础;建议;根据	foundation	fondation

季节;时化;时效	season	saison
汛期	high water season	saison de crues
枯水期	low water season	saison d'étiage
加热	heating	chauffage
交换器;热交换器	exchanger	échangeur
热交换器	heat exchanger	échangeur de chaleur
接地;地球	earth	terre
结果;成效	result	résultat
金工车间	metal workshop	atelier de métal
进口	inlet	entrée
侵蚀;磨损	erosion	érosion
可靠性;安全性	reliability	fiabilité
空间;空隙;间隔	space	espace/séparateur
扩展;展开	spread	diffusion
冷凝器	condense	condenseur
理论;原理;学说	theory	théorie
梁;横杆	beam	bielle
路;方法	way	voie
轮	wheel	roue
齿轮	gear wheel	engrenage
模型;型;式	model	modèle
目录	catalog(-ue)	catalogue
排水	bleeding	purge
旁通管	by-pass	tuyau de dérivation
配置;装置	arrangement	arrangement/montage
简化(示意)布置图	diagrammatic arrangement	bloc-diagramme simplifié
管系布置	pipe arrangement	montage de tuyau/montage de conduite
喷雾;喷镀	spraying	pulvérisation
片;表;程序;薄钢板;层	sheet	feuille

破坏;断裂;折断	rupture	rupture
疲劳破坏	fatigue rupture	rupture de fatigue
千斤顶;起重器	jack	cric
千瓦	kilowatt	kilowatt
区	zone	zone
驱动;传动;推进	drive	entraînement
缺陷;故障	defect	défaut
绕组;缠绕	windings	bobinages
润滑油	lubricating oil	huile de lubrification
润滑脂;油脂;黄油	grease	graisse
三相	three-phase	triphasé
散热器	radiator	radiateur
闪光;溢流	flash	flash
设备;装置;仪器	equipment	équipement
辅助设备	auxiliary equipment	équipement auxiliaire
伸长;拉伸	stretch	étirement
绳;索;缆	rope	corde
钢丝绳	steel wire rope	corde en acier
事故	accident	accident
手册;指南;细则	manual	manuel
操作说明书	operating manual	manuel d'opération
寿命;使用期限	life	durée de vie
使用期限;使用寿命	service life	durée de service
使用期限;工作期限	working life	durée d'emploi
蒸汽;水蒸气	vapour	vapeur
水槽;路程;路线	race	course
上游	head race	amont
说明书;指南	instruction	notice d'utilisation
运行维护说明书	operating-maintenance instruction	notice de fonctionnement et d'entretien

伺服机构;随动系统	servo	servo commande
伺服机构	servosystem	servo système
酸	acid	acide
损失;损耗	loss	perte
塔;柱	tower	tour
冷却塔	cooling tower	tour de refroidissement
体积;容量;卷;册	volume	volume
条;带;簧片	strip	bande
通气孔	vent	ventilation
外形;轮廓;大纲;概要	outline	figure
网络;线路	network	réseau
维护	maintenance	entretien/maintenance
位置;情况;势态	situation	situation
污水	sewage	eaux usées
污水管道;下水道	sewer	égout
系统;制度;装置;管路系统	system	système
控制系统	control system	système de contrôle
润滑油系统	lube-oil system	système d'huile de lubrification
净化系统	purification system	système de purification
配水系统	water distribution system	système de distribution d'eau
显示器;观测设备	scope	portée/objectif
线;导线;金属线	wire	fil
地线	earth/ground wire	fil de terre
铜线	copper wire	fil de cuivre
线圈;环;环状物	coil	bobine
箱;柜;池;槽	tank	bac/réservoir
项;条件;术语;时期	term	terme
项目;条款;条目	item	série
泄漏	leakage	fuite

信号;标志;记号	sign	signe
修理;检修	repair	réparation
小修;日常维修	minor/running repair	répatation de routine
锈;生锈	rust	rouille
锈蚀	rusting	rouiller
液力变速箱	hydraulic transmission box	boite de vitesse hydraulique
盐;食盐	salt	sel
氧化物	oxidate	oxyde
油漆;涂料	paint	peinture
元件;部件;零件;元素	element	élément
运行;操纵	run	fonctionner
站;位置;场所	station	station
真空	vacuum	vide
支座;支柱;支架	support	support
执行元件;传动装置	actuator	actionneur
制造者;厂家	manufacturer	fabricant
质量;块;团;大量	mass	masse
质量	quality	qualité
液柱	liquid column	colonne de liquide
柱塞	ram	plongeur
铸件;铸造	casting	coulée
压铸件	gravity die casting	pièce coulée sous pression
铸钢	steel casting	fonte
铸造厂	foundry	fonderie
装配车间	fitting shop	atelier d'assemblage
装置;方法	device	dispositif
状态;情况;表明;控制	state	état
桌;台;表格	table	tableau
自动报警器	auto-alarm	auto-alarme

阻力;电阻	resistance	résistance
阻力;拉;曳	drag	résistance/trainée
台;装置;安装;调整	set	installation
水力装置	hydraulic set	installation hydraulique
紧固件	fastener	élément de fixation
推力盘	thrust collar	collier de poussée

第 3 部分

英语-汉语-法语泵结构图示

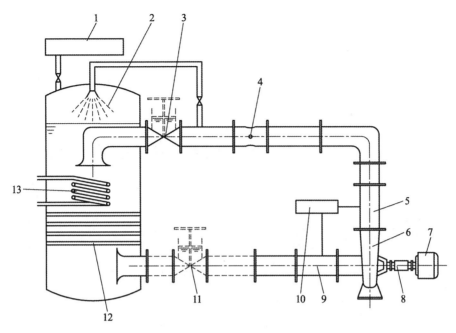

Fig. 3. 1   Closed-type test rig

图 3.1   闭式试验台

Dessin 3. 1   Banc d'essai fermé

序号	English	汉语	Français
1	Vacuum pump	真空泵	Pompe à vide
2	Spray degassing liquid nozzle	喷淋除气液体喷嘴	Système d'injection de goutellette liquide
3	Flow regulating valve	流量调节阀	Vanne de réglage de débit
4	Flowmeter	流量计	Débimètre
5	Piezometer tube at the outlet	出口测压管	Tube de mesure de pression aval
6	Pump	泵	Pompe
7	Motor	电机	Moteur d'entrainement
8	Torque speed sensor	扭矩转速传感器	Couplemètre
9	Piezometer tube at the inlet	进口测压管	Tube de mesure de pression amont
10	Pressure sensor	压力传感器	Capteur de pression
11	Regulating valve	调节阀	Vanne de régulation
12	Flow steadying grid	稳流栅	Grille de tranquilisation d'écoulement
13	Cooling or heating coil	冷却或加热盘管	Serpentin de chauffage ou de refroidissement

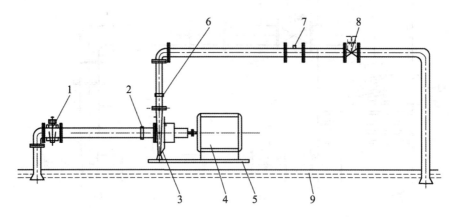

Fig. 3. 2   Open-type test rig

图 3. 2   开式试验台

Dessin 3. 2   Plate-forme d'essai ouverte

序号	English	汉语	Français
1	Gate valve	进口闸阀	Vanne d'isolation
2	Damping screen at the inlet	进口整流栅	Grille de tranquilisation amont
3	Centrifugal pump	离心泵	Pompe centrifuge
4	Motor	电机	Moteur d'entrainement
5	Platform	平台	Support de pompe
6	Damping screen at the outlet	出口整流栅	Grille aval
7	Flowmeter	流量计	Débimètre
8	Flow regulating valve	流量调节阀	Vanne de réglage de débit
9	Pool	水池	Bassin d'aspiration

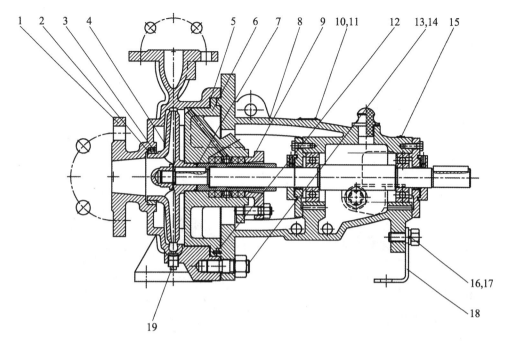

Fig. 3.3   Single stage centrifugal pump

图 3.3   单级离心泵

Dessin 3.3   Pompe centrifuge mono-étage

序号	English	汉语	Français
1	Pump case	泵体	Corps de pompe
2	Filling-in ring	密封环	Joint d'étanchéité
3	Screw	螺钉	Vis
4	Impeller	叶轮	Roue
5	Pad	垫	Tampon/Patin
6	Pump cover	泵盖	Boitier de pompe
7	Pad	垫	Tampon/Patin
8	Suspension parts	悬架部件	Cage de suspension
9	Sealing parts	密封部件	Pièces d'étanchéité
10	Pump sign	泵标牌	Plaque d'identification de la pompe
11	Rivet	铆钉	Rivet
12	Pin	销	Broche
13	Stud	螺柱	Goujon de fixation
14	Nut	螺母	Ecrou
15	Steering plate	转向牌	Plaque de guidage
16	Bolt	螺栓	Boulon
17	Washer	垫圈	Rondelle
18	Foot	支脚	Pied support
19	Plug	丝堵	Goulot de vidange

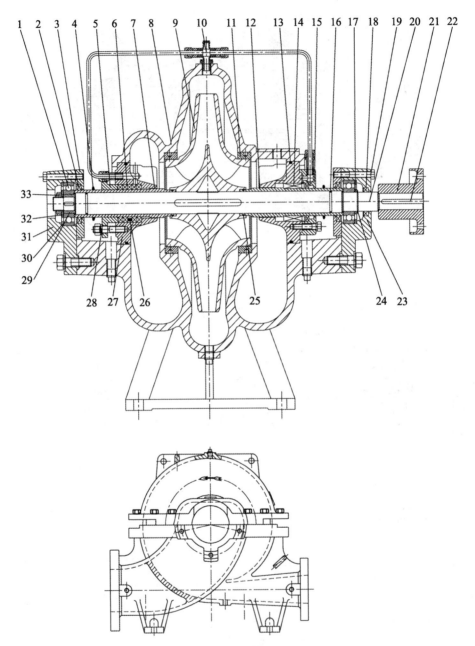

Fig. 3.4   Double-suction centrifugal pump

图 3.4   双吸离心泵

Dessin 3.4   Pompe centrifuge à double entrée

序号	English	汉语	Français
1	Deep groove ball bearing	深沟球轴承	Roulements à bille à gorge profonde
2	Rotary shaft lip seal A	旋转轴唇形密封圈 A	Join à lèvres de l'arbre A
3	Bearing cover	轴承压盖	Couvercle de palier
4	Water retaining ring	挡水圈	Anneau de retenue d'eau
5	Packing gland	填料压盖	Presse-étoupe
6	Filler	填料	Boitier de remplissage
7	Packing seal sleeve	填料密封轴套	Envelope de manchon
8	Pump cover	泵盖	Corps de pompe
9	Impeller	叶轮	Roue
10	Water flushing pipe parts	水冲洗管部件	Système de urge
11	Sealing ring	密封环	Bague d'étanchéité
12	Gland sleeve	机封轴套	Manchon de presse-étoupe
13	O type sealing ring	O 型密封圈	Joint d'étanchéité torique
14	Mechanical seal	机械密封	Palier mécanique
15	Sealing gland	机封压盖	Presse-étoupe
16	O type sealing ring	O 型密封圈	Bague d'étanchéité circulaire
17	Bearing retainer ring	轴承挡圈	Bague de fixation de palier
18	Rotary shaft lip seal B	旋转轴唇形密封圈 B	Joint à lévres de l'arbre B
19	Hexagon headed bolt	六角头螺栓	Boulon à tête hexagonale
20	Pump shaft	泵轴	Arbre de pompe
21	Pump coupling	泵联轴器	Accouplement
22	Plain flat key	普通平键	Rainure d'accouplement
23	Drive end bearing body	驱动端轴承体	Extrémité d'accouplement
24	External circlips	轴用弹性挡圈	Circlips externes
25	O type sealing ring	O 型密封圈	Bague d'étanchéité circulaire
26	Packing ring	填料环	Boitier de bagues d'étanchéité
27	Packing seal	填料密封体	Cage de roulement
28	Double end stud	双头螺柱	Goujon d'extrémités
29	Bearing bushing	轴承衬套	Coussinets
30	Bearing washer	轴承垫圈	Joint de coussinets
31	Blind end bearing body	盲端轴承体	Corps de palier borgne
32	Butterfly spring	蝶形弹簧	Rondelle (ou resort) papillon
33	Round nut	圆螺母	Écrou rond

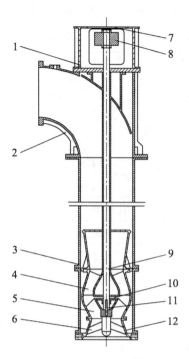

Fig. 3.5　Mixed flow pump

图 3.5　混流泵

Dessin 3.5　Roue mixte ou hélico-centrifuge

序号	English	汉语	Français
1	Motor cabinet	电机座	Cage de moteur
2	Elbow	弯管	Coude
3	Pipe	直管	Tyauterie
4	Back guide vane	后置导叶	Redresseur
5	Impeller	叶轮	Roue
6	Front guide vane	前置导叶	Grille directrice
7	Foundation plate	基础板	Plaque de fond
8	Coupling	联轴器	Accouplement
9	Axle	轴	Axe
10	Rotor	转动件	Roue
11	Key	键	Vis de blockage
12	Oviduct	喇叭管	Conduit d'amenée

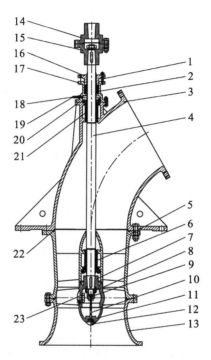

Fig. 3.6   Axial flow pump

图 3.6   轴流泵

Dessin 3.6   Pompe axiale

序号	English	汉语	Français
1	Double stud	双头螺柱	Goujon double
2	Asbestos packing	油浸石棉盘根	Emballage d'amiante
3	Outlet elbow	出水弯管	Coude de sortie
4	Pump shaft	泵轴	Arbre
5	Guide vane	导叶体	Aube directrice
6	Rubber bearing	橡胶轴承	Roulement en caoutchouc
7	Impeller boss	叶轮轮毂体	Moyeu de roue
8	Adjusting thread washer	调整螺纹垫圈	Rondelle filetée
9	Fixed nut	固定螺母	Ecrou frein
10	Connecting nut	连接螺母	Accouplement
11	Water guide cone	导水锥	Quide d'eau
12	Cone tip	导水锥头	Cone d'entrée
13	Inlet horn	进水喇叭	Trompe de moyeu
14, 15	Rigid couplings (top)	刚性联轴器	Accouplements rigides
16	Packing gland	填料压盖	Presse etoupe
17	Packing pedestal	填料底座	Socle
18	Packing axle sleeve	填料轴套	Foureau de palier
19	Pagoda joint	宝塔接头	Joint
20	Shim	垫	Cale
21	Axle sleeve	轴承轴套	Manchon d'axe
22	O type sealing ring	O 型密封圈	Bague d'étanchéité torique
23	Impeller	叶片	Roue

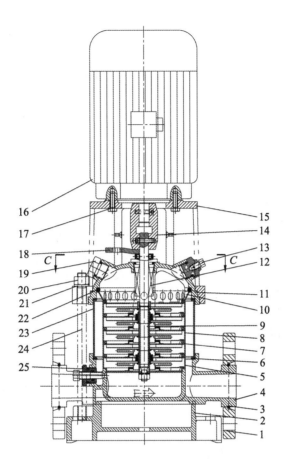

C-C

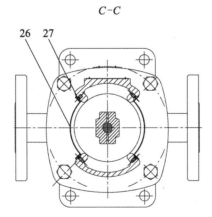

Fig. 3. 7   Vertical multistage pump

图 3. 7   立式多级泵

Dessin 3. 7   Pompe verticale multiétagée

序号	English	汉语	Français
1	Flange	法兰	Bride
2	Base	底座	Embase
3	Flange retaining ring	法兰挡圈	Bague support de bride
4	Pump body	泵体	Corps de pompe
5	First stage guide vane assembly	首级导叶组件	Couronne de guidage
6	Outer cylinder washer	外套筒垫圈	Joint de couronne externe
7	Guide vane assembly with bearing ring	带轴承环导叶组件	Couronne de guidage des roulements
8	Guide vane assembly	导叶组件	Couronne de fixation
9	Rotor parts	转子部件	Ensemble rotatif
10	Final guide vane assembly	末级导叶组件	Aubes directrices
11	Pump cover	泵盖	Enveloppe de pompe
12	Mechanical seal	机械密封	Garniture
13	Exhaust valve assembly	排气阀组件	Vanne de purge
14	Coupling parts	联轴器部件	Pieces d'accouplement
15	Motor seat	电机座	Siège du moteur
16	Electric machinery	电机	Moteur électrique
17	Bolt	螺栓	Boulon
18	Bolt plate	栓板	Plaque de boulon
19	Plug assembly	堵头组件	Pièces d'assemblage
20	Nut	螺母	Ecrou
21	Washer	垫圈	Joint
22	Wave reed	波形簧片	Joint torique
23	Outer sleeve	外套筒	Manchon extérieur
24	Tension bolt	拉紧螺栓	Boulon de tension
25	Drain valve assembly	排水阀组件	Soupape de vidange
26	Coupling housing	联轴器罩	Cage d'accouplement
27	Screw	螺钉	Vis

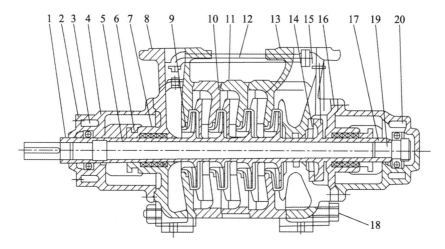

Fig. 3. 8   Horizontal multistage boiler feed pump

图 3. 8   卧式多级锅炉给水泵

Dessin 3. 8   Pompe d'alimentation de chaudière multicellulaire horizontale

序号	English	汉语	Français
1	Axle sleeve	轴套螺母	Manchon d'arbre
2	Bearing cap	轴承盖	Cage de roulement
3	Bearing	轴承	Roulement
4	Bearing body	轴承体	Caisson de roulement
5	Shaft sleeve A	轴套 A	Manchon d'arbre A
6	Stuffing box gland	填料压盖	Rembourage de presse-étoupe
7	Packing ring	填料环	Ensemble de joints
8	Suction stage	进水段	Pièce d'aspiration
9	Sealing ring	密封环	Bague d'étanchéité
10	Impeller	叶轮	Roue
11	Middle stage	中段	Etage intermédiare
12	Wet return	回水管	Retour humide
13	Discharge stage	出水段	Refoulement
14	Balanced ring	平衡环	Bague d'équilibrage
15	Balance disk	平衡盘	Disque d'équilibrage
16	Tail-hood	尾盖	Capot arrière
17	Shaft sleeve B	轴套 B	Manchon d'arbre B
18	Draw-in bolt	拉紧螺栓	Boite de jonction
19	Shaft	轴	Arbre
20	Round nut	圆螺母	Ecrou rond

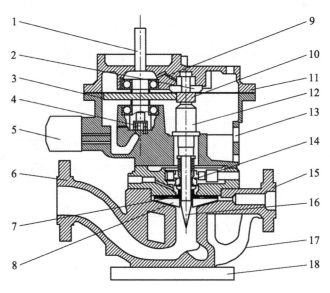

Fig. 3.9   High speed pump
图 3.9   高速泵
Dessin 3.9   Pompe à haute vitesse

序号	English	汉语	Français
1	Input shaft	输入轴	Arbre d'entrainement
2	Thrust bearings	止推轴承	Roulements de butée
3	Drive gear	驱动大齿轮	Système d'engrenage
4	Shaft driven main oil pump	输入轴驱动主轴泵	Pompe principale de graissage
5	Oil filter	润滑油过滤器	Filtre à huile
6	Inlet of the pump	进口管	Ouïe de pompe
7	Balance hole	平衡孔	Trou d'équilibrage
8	Impeller	叶轮	Roue
9	Pressure feed lubrication system	润滑油压力输送系统	Système de lubrification
10	Driven gear	从动小齿轮	Système d'engrenage
11	Gearbox	齿轮箱	Boitier de Reducteur
12	Output shaft	高速输出轴	Arbre de sortie
13	Oil level sight glass	油位视镜	Vitre de niveau d'huile
14	Mechanical seal	机械密封	Garniture mécanique d'énchéité
15	Discharge pipe	扩散管	Conduite de refoulement
16	Inducer	诱导轮	Inducteur
17	Pump body	泵体	Corps de pompe
18	Base	底座	Socle de pompe

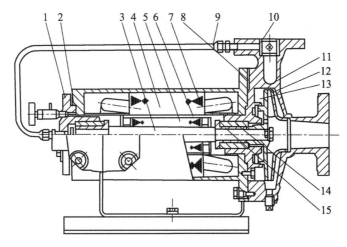

Fig. 3.10   Canned motor pump

图 3.10   屏蔽泵

Dessin 3.10   Pompe à moteur intégré

序号	English	汉语	Français
1	Rear axle bearing room	后轴承室	Cage de roulement arrière
2	Shim	垫片	Cale
3	Axis	轴	Axe
4	Rotor shield	转子屏蔽套	Cage de roue
5	Rotor	转子	Rotor
6	Stator shield	定子屏蔽套	Cage de stator
7	Stator	定子	Stator
8	Shim	垫片	Cale
9	Circulation pipeline	循环管路	Tubulure de circulation
10	Filter	过滤器	Filtre
11	Pump body	泵体	Corps de pompe
12	Impeller	叶轮	Roue
13	Front axle bearing room	前轴承室	Cage de roulement frontale
14	Bearing	轴承	Roulement
15	Axle sleeve	轴套	Garniture mécanique

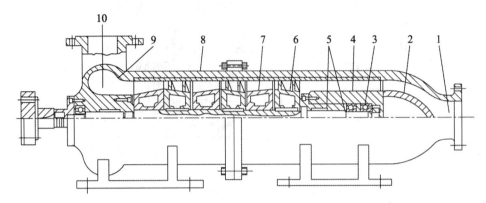

Fig. 3.11   Helico-Axial multiphase pump

图 3.11   螺旋轴流式多相混输泵

Dessin 3.11   Pompe de surpression à vis

序号	English	汉语	Français
1	Inlet	进口	Embouchure
2	Hub cap in the inlet	进口导流锥	Moyeu
3	Bearing	轴承	Roulement
4	Guide blade	进口导叶	Aube directrice
5	Mechanical sealing	机械密封	Garniture
6	Impeller	叶轮	Roue
7	Guide vane	导叶	Aube directrice
8	Pump case	泵壳	Corps de pompe
9	Delivery chamber	压出室	Volute
10	Outlet	出口	Sortie

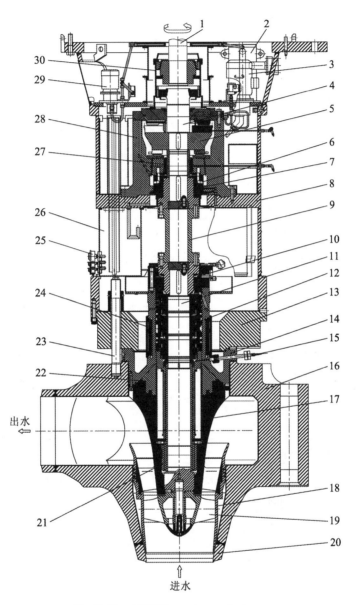

出水
←

进水
↑

Fig. 3. 12　AP1000 reactor coolant pump

图 3. 12　AP1000 核主泵

Dessin 3. 12　AP1000 pompe blindée étanche

序号	English	汉语	Français
1	Motor shaft	电动机轴	Arbre moteur
2	Oil cooler	滑油冷却器	Refroidissement d'huile
3	Top oil pump	顶油泵	Pompe à huile
4	Transmission shaft	传动轴	Arbre de transmission
5	Thrust bearing assembly	推力轴承组件	Palier de poussée
6	Oil pump assembly	油泵组件	Pompe à huile
7	Lubricating oil mechanical seal	滑油机械密封	Boitier de distribution huile de graissage
8	Motor plate	电机支座	Palier du moteur
9	Intermediate stub	中间短轴	Manchon intermediaire
10	Parking seal	停车密封	Joint d'arrêt
11	Pump shaft	泵轴	Arbre de pompe
12	Three stage shaft seal assembly	三级轴密封组件	Assemblage de trois arbre
13	Pump cover	泵盖	Enveloppe
14	Seal shell	密封壳	Cage de joint
15	Thermometer	温度计	Thermomètre
16	Pump shell	泵壳	Couvercle de pompe
17	Guide blade	导叶	Aube de guidage
18	Inlet pipe	进水转接管	Tubulure d'entrée
19	Impeller	叶轮	Roue
20	Security segment	安全段	Segment de sécurité
21	Water lubricated bearing	水润滑轴承	Palier lubrifié hydraulique
22	Upper and lower heat shield	上、下隔热屏	Ecran thermique
23	Main bolt connecting piece	主螺栓联接件	Boulon principal
24	Cooling sleeve assembly	冷却套组件	Chemise de refroidissement
25	Oil level gauge	油位计	Jauge de niveau d'huile
26	Oil storage tank	蓄油槽	Reservoir d'huile
27	Transverse bearing	径向轴承	Plaque de guidage transversale
28	Bearing box	轴承箱	Cage de palier
29	Stator case	回油泵	Boitier
30	Gear coupling	齿式联轴器	Manchon d'accouplement

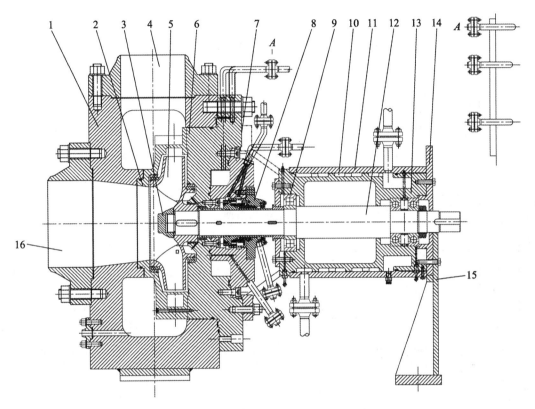

Fig. 3. 13   AP1000 residual heat removal pump

图 3.13   AP1000 余热排出泵

Dessin 3. 13   AP1000 pompe d'extraction

序号	English	汉语	Français
1	Housing	壳体	Logement
2	Collar nut	轴头螺母	Ecrou à embase
3	Guide vane	导叶	Vanne de guidage
4	Suction outlet	吸出口	Section d'aspiration
5	Impeller	叶轮	Roue
6	Pump cover	泵盖	Capot
7	Seal body	密封函体	Corps de joint
8	Mechanical seal	机械密封	Garniture mécanique d'étanchéité
9	Cylindrical roller bearing	圆柱滚子轴承	Roulement à rouleaux cylindriques
10	Bearing body	轴承体	Corps de roulement
11	Cooling jacket	冷却水套	Gaine de refroidissement
12	Pump shaft	泵轴	Arbre de pompe
13	Double row angular contact ball bearing	双列角接触球轴承	Roulement à billes à contact oblique
14	Bearing cover	轴承压盖	Boitier de roulement
15	Bearing body support	轴承体支架	Support de roulement
16	Suction port	吸入口	Ouïe d'entrée

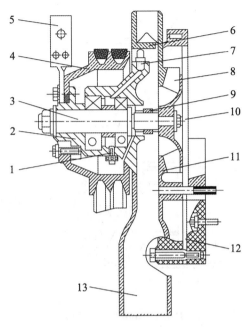

Fig. 3. 14   Engine cooling water pump

图 3. 14   发动机冷却水泵

Dessin 3. 14   Pompe de refroidissement

序号	English	汉语	Français
1	Screw	销钉	Vis
2	Hub	轮毂	Moyeu
3	Shaft	泵轴	Arbre
4	V-belt wheel	V 带轮	Roue à courroie trapézoïdale
5	Fan	风扇	Ventilateur
6	Air relief cock	放气塞	Robinet de vidange d'air
7	Oil nipple	注油嘴	Mamelon
8	Impeller	叶轮	Roue
9	Water seal	水封	Bague d'étanchéité
10	Hub	盖板	Moyeu
11	Pump body	泵体	Corps de pompe
12	Outlet pipe	出水管	Tubulure de sortie
13	Inlet pipe	进水管	Tubulure d'entrée

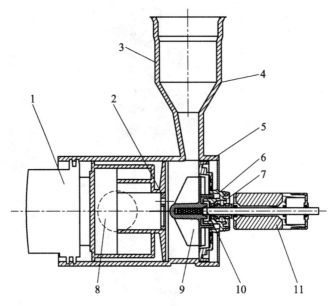

Fig. 3.15   Drain pump for washing machine

图 3.15   洗衣机排水泵

Dessin 3.15   Pompe de vidange de machine à laver

序号	English	汉语	Français
1	Filter	过滤器	Filtre
2	Wearing-ring	口环	Couronne d'usure
3	Outlet of the pump	泵体出口	Sortie de pompe
4	Volute	蜗壳	Volute
5	Rear wearing-ring	背口环	Couronne d'usure arrière
6	Rear pump cover	后泵盖	Couvercle de fond
7	Gland	压盖	Rondelle frein
8	Inlet of the pump	泵体进口	Entrée de pompe
9	Radial impeller	径向叶轮	Roue centrifuge
10	Screw shaft	印花轴	Ecrou d'arbre
11	Roller bearing	滚子	Roulements

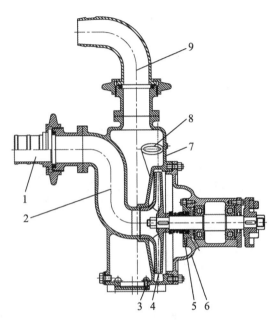

Fig. 3. 16   External mixing self-priming centrifugal pump

图 3. 16   外混式自吸离心泵

Dessin 3. 16   Pompe centrifuge à amorçage automatique

序号	English	汉语	Français
1	Water inlet	进水管	Tubulure d'entrée
2	S type suction tube	S 形吸入管	Tube coudé en S
3	Reflux hole	回流孔	Purge
4	Impeller	叶轮	Roue
5	Mechanical seal	机械密封	Garniture mécanique d'étanchéité
6	Bearing body	轴承体	Cage de roulement
7	Pump body	泵体	Corps de pompe
8	Volute outlet	蜗壳出口	Sontie de volute
9	Discharge tube	出水管	Tubulure de sortie

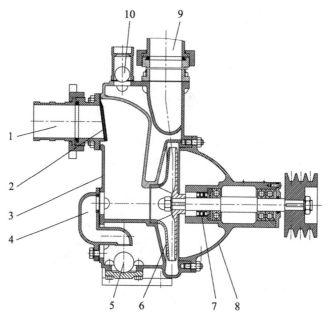

Fig. 3. 17   Internal mixing self-priming centrifugal pump

图 3. 17   内混式自吸离心泵

Dessin 3. 17   Pompe centrifuge à amorçage automique

序号	English	汉语	Français
1	Inlet tube	进水管	Tubulure d'entrée
2	Suction valve	吸入阀	Clapet anti-retour
3	Pump barrel	泵体	Cage de pompe
4	Jet pipe	射流管	Tubulure d'admission
5	Reflux valve	回流阀	Clapet anti reflux
6	Impeller	叶轮	Roue
7	Packing seal	填料密封	Garniture d'étanchéité
8	Bearing body	轴承体	Cage de roulement
9	Outlet tube	出水管	Tubulure de refoulement
10	Vent valve	排气阀	Purge de dégazage

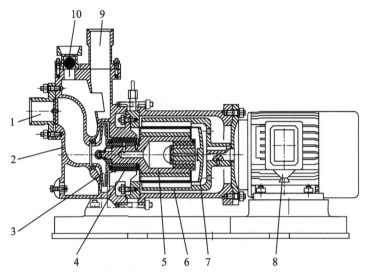

Fig. 3. 18   Magnetic drive self-priming centrifugal pump

图 3. 18   磁力驱动自吸离心泵

Dessin 3. 18   Pompe centrifuge à amorçage automatique à paliers magnétiques

序号	English	汉语	Français
1	Inlet tube	进水管	Tube d'entrée
2	Pump barrel	泵体	Cage d'entrée
3	Impeller	叶轮	Roue
4	Sliding bearing	滑动轴承	Palier lisse
5	Internal magnetic steel rotor	内磁钢转子	Rotor magnétique acier interne
6	External magnetic steel rotor	外磁钢转子	Rotor magnétique acier externe
7	Distance sleeve	隔离套	Douille d'écartement
8	Motor	电动机	Moteur
9	Outlet tube	出水管	Tube de sortie
10	Vent valve	放气阀	Vanne de ventilation

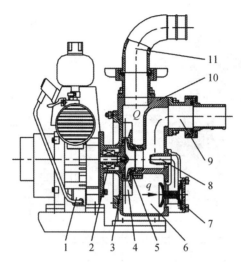

Fig. 3. 19   Jet-type self-priming centrifugal pump

图 3. 19   射流式自吸离心泵

Dessin 3. 19   Pompe centrifuge à jet auto-amorçable

序号	English	汉语	Français
1	Gasoline engine	汽油机	Moteur à essence
2	Mechanical seal	机械密封	Garniture mécanique d'étanchéité
3	Rear cover	后盖	Capot arrière
4	Guide blade	导叶	Aube directrice
5	Impeller	叶轮	Roue
6	Chamber for storing water	储水室	Cuve d'eu
7	Bowl valve	碗式阀	Purge de cuve
8	Jet	喷嘴	Jet
9	Outlet tube	进水管	Tube de sortie
10	Pump barrel	泵体	Couvercle de pompe
11	Inlet tube	出水管	Tube d'entrée

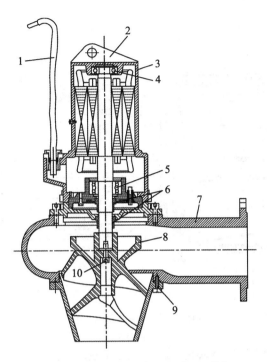

Fig. 3. 20   One-blade spiral centrifugal submersible sewage pump

图 3. 20   单叶片螺旋离心式潜水排污泵

Dessin 3. 20   Pompe submersible a aube spirale

序号	English	汉语	Français
1	Cable	电缆线	Cable électrique
2	Carrying handle	提把	Manette de levage
3	Main case	机壳	Corps principal
4	Deep groove ball bearing	深沟球轴承	Roulement à bille
5	Double row angular contact ball bearing	双列角接触球轴承	Roulement à bille oblique
6	Mechanical seal	机械密封	Garniture mécanique
7	Volute	蜗壳	Volute
8	Impeller	叶轮	Roue
9	Bolt	螺钉	Boulon
10	Internal angle screw	内角螺钉	Vis de blocage de roue

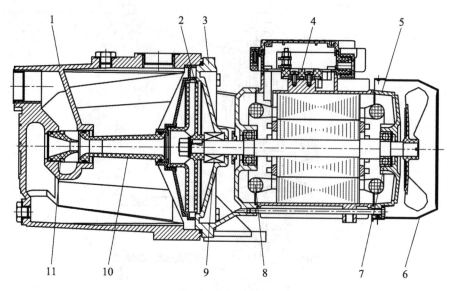

Fig. 3. 21   Injection pump

图 3. 21   喷射泵

Dessin 3. 21   Pompe à injection

序号	English	汉语	Français
1	Pump body	泵体	Corps de pompe
2	Impeller	叶轮	Roue
3	Bracket	托架	Console
4	Terminal block	接线座	Bloc
5	Back end cap	后端盖	Couvercle
6	Hood	风罩	Couvercle-capot
7	Ball bearing	球轴承	Roulement à bille
8	Winding iron core	有绕组铁芯	Noyau en fer
9	Mechanical seal	机械密封	Palier mécanique
10	Runner body	流道体	Axe de roue
11	Injector	喷嘴	Injecteur

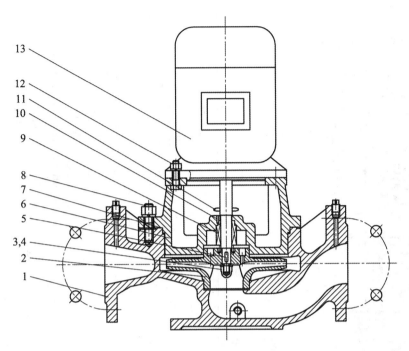

Fig. 3.22   Vertical inline pump

图 3.22   管道泵

Dessin 3.22   Pompe en ligne verticale

序号	English	汉语	Français
1	Pump body	泵体	Corps de pompe
2	Impeller	叶轮	Roue
3	Nut	螺母	Ecrou
4	Washer	垫圈	Rondelle
5	Key	键	Clé
6	End cap	端盖	Couvercle
7	Seal ring	密封圈	Bague d'étanchéité
8	Stud	螺柱	Goujong
9	Mechanical seal	机械密封	Joint mécanique
10	Pin	销	Tenon-goupille
11	Retaining ring	挡水圈	Bague de soutien
12	Bolt	螺栓	Boulon
13	Motor	电动机	Moteur

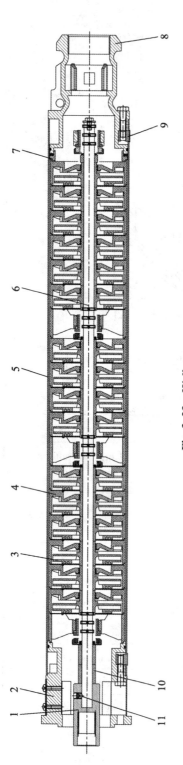

Fig. 3. 23　Well pump

图 3. 23　井泵

Dessin 3. 23　Pompe de puits

序号	汉语	English	Français
1	联轴器	Coupling	Accouplement
2	进水节	Inlet section	Section d'aspiration
3	叶轮	Impeller	Roue
4	导叶	Guide vane	Aube directrice
5	外壳	Shell	Cage
6	泵轴	Pump shaft	Arbre
7	定位环	Positioning ring	Couronne de positionnement
8	出水节	Water outlet	Sortie
9	螺钉	Screw	Vis
10	轴套	Axle sleeve	Fourreau d'axe
11	内三角锥端紧定螺钉	Internal triangular cone end locking screw	Vis de blockage à tête triangulaire

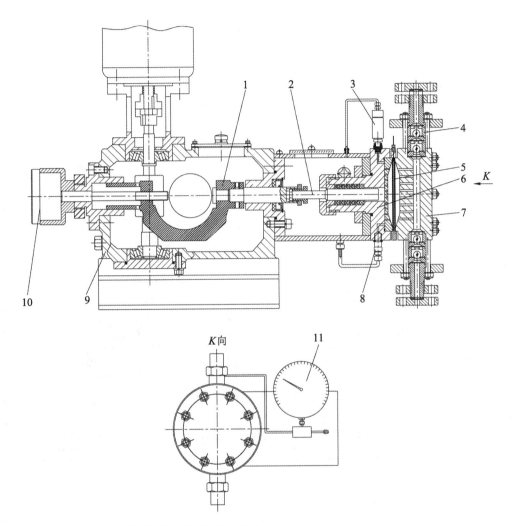

Fig. 3. 24　Hydraulic diaphragm-type metering pump

图 3. 24　液压隔膜式计量泵

Dessin 3. 24　Pompe hydraulique à diaphragme

序号	English	汉语	Français
1	Bow frame	弓形架	Cadre semi circulaire
2	Plunger	柱塞	Piston
3	Safety relief valve	安全放气阀	Valve de sécurité
4	Check valve	单向阀	Vanne de reglage
5	Diaphragm	隔膜	Diaphragme
6	Hydraulic cylinder	液压缸体	Cylindre
7	Pump head	泵头	Tête de pompe
8	Oil filling valve	补油阀	Clapet de remplissage
9	Body	箱体	Corps
10	Adjustment mechanism assembly	调量机构总成	Pièce d'assemblage mécanique
11	Electric contact pressure gauge	电接点压力表	Temoin électrique de pression

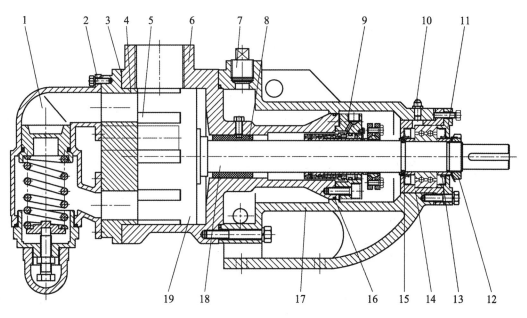

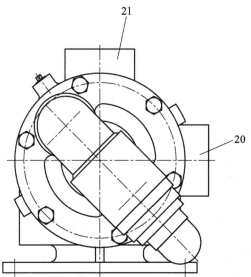

Fig. 3. 25   Gear pump

图 3. 25   齿轮泵

Dessin 3. 25   Pompe à engrenage

序号	English	汉语	Français
1	Pressure reducing valve assembly	减压阀组件	Réducteur de pression
2	Spring washer	弹簧垫圈	Rondelle ressort
3	Seal gasket	密封垫	Joint d'étanchéité
4	Pump cover	泵盖	Couvercle de pompe
5	Idler	惰轮(从动轮)	Roue libre
6	Pump body	泵体	Corps de pompe
7	Plug	堵头	Bouchon
8	Sliding bearing	滑动轴承	Roulement glissant
9	Mechanical seal	机械密封	Garniture d'étanchéité
10	Oil cup	油杯	Bouchon de palier
11	Bearing cover	轴承压盖	Cage de roulement
12	Stop washer	止动垫圈	Rondelle frein
13	Bearing positioning sleeve	轴承定位套	Pièce d'ajustement de Palier lisse
14	Bearing	轴承	Roulement
15	Ring	挡圈	Bague
16	Internal triangular screw	内三角螺钉	Vis à tête triangulaire
17	Bracket	托架	Console
18	Principal axis	主轴	Axe principal
19	Driving gear	主动齿轮	Engrenage de puissance
20	Inlet	进口	Entrée
21	Outlet	出口	Sortie

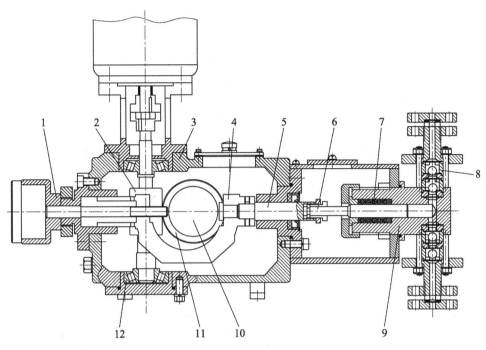

Fig. 3. 26   Plunger metering pump

图 3. 26   柱塞式计量泵

Dessin 3. 26   Pompe de plongeur

序号	English	汉语	Français
1	Adjustment mechanism assembly	调量机构总成	Pièce d'assemblage mécanique
2	Worm	蜗杆	Cage
3	Box	箱体	Boitier
4	Bow frame	弓形架	Cadre
5	Connecting rod	连杆	Bielle
6	Plunger	柱塞	Piston
7	Packing seal	填料密封	Bagues
8	One way valve assembly	单向阀组件	Assemblage unidirectionnel
9	Pump head	泵头	Culasse
10	Eccentric wheel	偏心轮	Roue exentrique
11	Turbine	涡轮	Turbine
12	Worm bearing	蜗杆轴承	Cage de roulements obliques

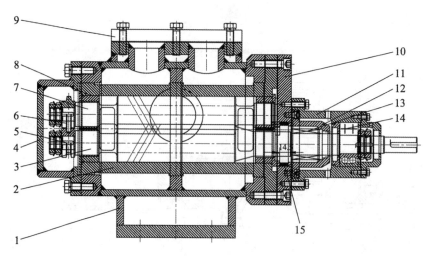

Fig. 3. 27   Screw pump

图 3. 27   螺杆泵

Dessin 3. 27   Pompe à vis

序号	English	汉语	Français
1	Pump body	泵体	Corps de pompe
2	Shaft sleeve	衬套	Support d'arbre
3	Main screw	主螺杆	Vis principale
4	Back cover	后盖	Couvercle
5	Driving wheel	主动轮	Roue d'entrainement
6	Driven wheel	从动轮	Roue entrainée
7	Driven screw	从动螺杆	Vis
8	Rear sliding bearing	后滑动轴承	Palier coulissant arrière
9	Cover	顶盖	Couvercle
10	Front cover	前端盖	Couvercle avant
11	Bearing housing	轴承座	Cage de palier
12	Mechanical seal cap	机封盖	Capuchon de garniture mécanique
13	Mechanical seal	机械密封	Garniture mécanique
14	Double row angular contact bearing	双列角接触轴承	Paliers à double contact
15	Sleeve	隔套	Manchon

附　录

附录1　国内外泵常用材料牌号对照

序号	材料类型	国际标准 ISO 标准牌号	美国 AISI UNS 牌号	美国 ASTM 标准号	美国 ASTM 牌号	英国 BSI 牌号	法国 AFNOR 牌号	中国 GB 牌号
1	铸铁			A48	CI 25	1452Gr180		HT 150
2		185Gr 200		A48	CI 30	1452Gr220	F20	HT 200
3				A48	CI 30	1452Gr220		HT 200
4		185Gr 250		A48	CI 35,45	1452Gr260	F25	HT 250
5		185Gr 300		A48	CI 45	1452Gr300	F30	HT 300
6		1083/400-12		A536	60-40-18	2789Gr370/17 2789Gr420/12	FGS 400-12	QT-400-18
7		1083/400-12		A536	60-40-18	2789Gr420/12	FGS 400-12	QT-400-18
8		1083/500-7		A536	60-45-12	2789Gr500/7	FGS 500-7	QT400-15 A
9	铸钢			A27	Gr60-30	3100GrA2	230-400M	ZG200-400
10				A27	Gr65-35	3100GrA3	280-480M	ZG230-450
11				A27	Gr70-36	3100GrA3	280-480M	ZG230-450
12	合金铸钢			A743	GrCA-15	3100 410C21	Z12CN13.02M	ZG1Cr13
13				A743	GrCA-15 GrCA-40	3100 420C29	(Z20C13M)	ZG2Cr13
14				A743	GrCB-30	3146AN C2	Z22CN17.01M	ZG1Cr7Ni2
15				A743	~GrCC-50		Z120CID29.02M	

续表

序号	材料类型	国际标准 ISO 标准牌号	美国 AISI 牌号	美国 UNS	美国 ASTM 标准号	美国 ASTM 牌号	英国 BSI 牌号	法国 AFNOR 牌号	中国 GB 牌号
16	合金铸钢				A351 A743	GrCF-8	1504 304C15 3100 304C15	Z6CN18.10M	ZG0Cr18Ni9
17					A743 A757	GrCA-6NM GrE3N		Z6CN13.04M	
18								(Z20CN24.08M)	
19				J92615	A743	~GrCC-50		Z12CN13.02M	ZG1Cr13
20		DP4991C45			A743	~GrCA-6NM		(Z20C13M)	ZG2Cr13
21					A351 A743	GrCF-8M	1504 316CI6 3100 316CI6	Z22CN17.01M	ZG1Cr7Ni2
22								Z120CD29.02M	
23	合金铸钢				A351 A743	GrCN-7M		Z6CN18.10M	ZG0Cr18Ni9
24					A351 A743	GrCA-6NM GrE3N	1504 304C17 3100 304C17	Z6CN13.04M	
25					A351		3100 318C17	(Z20CN24.08M)	
26					A351	GrCA-15		Z12CN13.02M	ZG1Cr13

附录 2 国内外泵常用标准对照

序号	标准代号	标准名称
中国（The People's Republic of China）		
1	GB/T 3216—2016	回转动力泵　水力性能验收试验　1 级、2 级和 3 级
2	GB/Z 32458—2015	输送黏性液体的离心泵　性能修正
3	GB/T 12785—2014	潜水电泵　试验方法
4	GB/T 10870—2014	蒸气压缩循环冷水（热泵）机组性能试验方法
5	GB/T 29529—2013	泵的噪声测量与评价方法
6	GB/T 29531—2013	泵的振动测量与评价方法
7	GB/T 13929—2010	水环真空泵和水环压缩机　试验方法
8	GB/T 13930—2010	水环真空泵和水环压缩机　气量测定方法
9	GB/T 26116—2010	内燃机共轴泵　试验方法
10	GB/T 26117—2010	微型电泵　试验方法
11	GB/T 11705—2009	船用电动三螺杆泵试验方法
12	GB/T 9069—2008	往复泵噪声声功率级的测定　工程法
13	GB/T 13364—2008	往复泵机械振动测试方法
14	GB/T 16750—2008	潜油电泵机组
15	GB/T 14096—2008	喷油泵试验台　试验方法
16	GB/T 7782—2008	计量泵
17	GB/T 6490—2008	水轮泵
18	GB/T 21271—2007	真空技术　真空泵噪声测量
19	GB/T 3214—2007	水泵流量的测定方法
20	GB/T 17189—2007	水力机械（水轮机、蓄能泵和水泵水轮机）振动和脉动现场测试规程
21	GB/T 15469.2—2007	水轮机、蓄能泵和水泵水轮机空蚀评定　第 2 部分：蓄能泵和水泵水轮机的空蚀评定
22	GB/T 6245—2006	消防泵
23	GB/T 7784—2006	机动往复泵试验方法

序号	标准代号	标准名称
24	GB/T 19956.1—2005	容积真空泵性能测量方法　第1部分:体积流率(抽速)的测量
25	GB/T 19956.2—2005	容积真空泵性能测量方法　第2部分:极限压力的测量
26	GB/T 20043—2005	水轮机、蓄能泵和水泵水轮机水力性能现场验收试验规程
27	GB/T 18051—2000	潜油电泵振动试验方法
28	GB/T 18149—2000	离心泵、混流泵和轴流泵水力性能试验规范　精密级
国际标准化组织(International Organization for Standardization)		
29	ISO 9906:2012	Rotodynamic pumps—Hydraulic performance acceptance tests—Grades 1, 2 and 3
30	ISO 21360-1:2012	Vacuum technology—Standard methods for measuring vacuum-pump performance—Part 1: General description
31	ISO 21360-2:2012	Vacuum technology—Standard methods for measuring vacuum-pump performance—Part 2: Positive displacement vacuum pumps
32	ISO 5198:1999	Centrifugal, mixed flow and axial pumps—Code for hydraulic performance tests—Precision grade
33	ISO 7919-5:2005	Mechanical vibration—Evaluation of machine vibration by measurements on rotating shafts—Part 5: Machine sets in hydraulic power generating and pumping plants
34	ISO/TR 17766:2005	Centrifugal pumps handling viscous liquids—Performance corrections
35	ISO 2151:2004	Acoustics—Noise test code for compressors and vacuum pumps—Engineering method (Grade 2)
美国(United States of America)		
36	ANSI/HI 14.6-2011	Rotodynamic pumps—Hydraulic performance acceptance tests
37	ANSI/HI 9.6.7-2010	Effects of liquid viscosity on rotodynamic (centrifugal and vertical) pump performance
38	ANSI/HI 3.6-2010	Rotary pump test

序号	标准代号	标准名称
39	ANSI/HI 9.6.4-2009	Rotodynamic pumps for vibration measurements and allowable values
40	ANSI/HI 11.6-2001	Submersible pump tests
41	ANSI/HI 6.6-2000	Reciprocating pump test
42	API RP 11S2-1997	Recommended practice for electric submersible pump testing (second edition)
英国(United Kingdom)		
43	BS ISO 7919.5-2005	Mechanical vibration—Evaluation of machine vibration by measurements on rotating shafts—Machine sets in hydraulic power generating and pumping plants
44	BS EN ISO 2151-2004	Acoustics—Noise test code for compressors and vacuum pumps—Engineering method (Grade 2)
45	BS EN 60193-1999	Hydraulic turbines, storage pumps and pump-turbines—Model acceptance tests
46	BS EN ISO 5198-1999	Centrifugal, mixed flow and axial pumps—Code for hydraulic performance tests—Precision class
47	BS EN ISO 9906-2000	Rotodynamic pumps—Hydraulic performance acceptance tests—Grades 1 and 2
48	BS EN 60041-1995	Field acceptance tests to determine the hydraulic performance of hydraulic turbines, storage pumps and pump-turbines
49	BS EN 60994-1993	Guide for field measurement of vibrations and pulsations in hydraulic machines (turbines, storage pumps and pump-turbines)
欧洲(Europe)		
50	prEN 14343-2003	Rotary positive displacement pumps—Performance tests for acceptance
51	EN 12639-2000 + AC - 2000	Liquid pumps and pump units—Noise test code—Grade 2 and grade 3 of accuracy
52	EN ISO 9906-1999	Rotodynamic pumps—Hydraulic performance acceptance tests—Grades 1 and 2
53	EN 60193-1999	Hydraulic turbines, storage pumps and pump-turbines—Model acceptance tests
54	EN ISO 5198-1998	Centrifugal, mixed flow and axial pumps—code for hydraulic performance tests—Precision class

续表

序号	标准代号	标准名称
55	EN 60041-1994	Field acceptance tests to determine the hydraulic performance of hydraulic turbines, storage pumps and pump-turbines
56	EN 60994-1992	Guide for field measurement of vibrations and pulsations in hydraulic machines (turbines, storage pumps and pump-turbines)
法国(The French Republic)		
57	NF C55-420-1993	Guide pour la mesure in situ des vibrations et fluctuations sur machines hydrauliques (turbines, pompes d'accumulation et pompes-turbines)
58	NF C55-493-2000	Turbines hydrauliques, pompes d'accumulation et pompes-turbines—Essais de réception sur modèle
59	NF E44-401-2000	Pompes rotodynamiques—Essais de fonctionnement hydraulique pour la réception—Niveaux 1, 2 et 3
60	NF E44-420-2000	Pompes et groupes motopompes pour liquides—Code d'essai acoustique—Classes de précision 2 et 3
61	SNECOREP FNTP-2010	Guide technique—Installation de pompage d'eau
62	NF EN-378-2017	Pompes à chaleur et systèmes frigoriques
63	NF C15-100-2002	Guide d'installation de pompes de piscine
64	NF EN ISO 3743-1-1995 NF S 31-024-1-1995	Acoustique—Détermination des niveaux de puissance acoustique émis par les sources de bruit—Méthodes d'expertise en champ réverbéré applicables aux petites sources transportables Partie 1—Méthode par comparaison en salle d'essai à parois dures Acoustique—Détermination des niveaux de puissance acoustique émis par les sources de bruit à partir de la pression acoustique—Méthodes d'expertise en champ réverbéré applicables aux petites sources transportables Partie 2—Méthodes en salle d'essai réverbérante spéciale
65	NF EN ISO 3744-2012	Acoustique—Détermination des niveaux de puissance acoustique émis par les sources de bruit à partir de la pression acoustique—Méthodes d'expertise dans des conditions approchant du champ libre sur plan réfléchissant

序号	标准代号	标准名称
66	NF EN ISO 3746-2012	Acoustique—Détermination des niveaux de puissance acoustique émis par les sources de bruit à partir de la pression acoustique—Méthode de contrôle employant une surface de mesure enveloppante au-dessus d'un plan réfléchissant